国防科学技术大学

全国优秀博士学位论文丛书

第六辑

主　编　王振国

副主编　王维平　王雪松　周珞晶　吴　丹　刘甚灵

复杂网络拓扑结构抗毁性研究

作　者　吴　俊

指导教师　谭跃进

国防科技大学出版社

·长沙·

图书在版编目(CIP)数据

复杂网络拓扑结构抗毁性研究/吴俊著. —长沙:国防科技大学出版社,2013.6
(国防科学技术大学全国优秀博士学位论文丛书·第六辑/王振国主编)

ISBN 978 – 7 – 5673 – 0053 – 8

Ⅰ. ①复…　Ⅱ. ①吴…　Ⅲ. ①网络拓扑结构—研究　Ⅳ. ①TP393. 02

中国版本图书馆 CIP 数据核字(2012)第 255618 号

国防科技大学出版社出版发行
电话:(0731)84572640　邮政编码:410073
http://www.gfkdcbs.com
责任编辑:耿　筠　责任校对:刘　梅
新华书店总店北京发行所经销
国防科技大学印刷厂印装
*
开本:787×1092　1/16　印张:12.25　字数:247 千
2013 年 6 月第 1 版第 1 次印刷　印数:1 –730 册
ISBN 978 – 7 – 5673 – 0053 – 8
全套定价:290.00 元

序　言

当前,世界新军事变革迅猛发展,新一轮重大科技变革正在酝酿和发展,国防科技和武器装备的新突破即将来临,国家核心安全需求和维护国家战略利益对国防和军队现代化建设提出了新的更高要求。随着军队建设"三步走"发展战略第二步的实施,推进军队信息化建设,构建现代化的军事力量体系,迫切需要大批高素质新型军事人才。面对新的任务和挑战,军队学位与研究生教育的地位和作用比以往任何时候都突出。

国防科学技术大学肩负着为全军培养高级科学和工程技术人才与指挥人才,培训军队高级领导干部,从事先进武器装备和国防关键技术研究的重要任务。推进基础研究和前沿探索不断进步,提高自主创新能力和人才培养质量已经成为学校现阶段的核心任务。研究生朝气蓬勃,正处于创新思维能力最为活跃的黄金年龄,同时也是科研项目的中坚力量,他们科研成果水平的高低在一定程度上代表着学校人才培养和科研的整体水平。全国优秀博士学位论文是我国博士研究生科研水平的集中反映,也是学校研究生教育水平、学术水平和创新能力的重要标志。近年来,在学校党委的正确领导下,全校同志共同努力,瞄准国防科技前沿,扎实推进教育教学改革,有力地促进了研究生尤其是博士研究生培养质量的提高。截至2011年,我校已获全国优秀博士学位论文和全国优秀博士学位论文提名论文共计39篇。

为加强高层次创造性人才的培养工作,提高研究生教育特别是博士生教育质量,鼓励创新精神,从2005年起,我们资助出版了我校全国优秀博士学位论文和全国优秀博士学位论文提名论文。该系列丛书的出版系统总结了全国优秀博士学位论文的成功经验,对于培养更多、水平更高的高层次创造性人才,具有十分重要的启示作用。在此基础上,现将我校 2011 年度的 4 篇全国优秀博士学位论文和全国优秀博士学位论文提名论文汇集出版,供广大师生阅读和参考。

希望同志们以全国优秀博士学位论文作者为榜样,积极投身科研事业,推进基础研究和前沿探索,攀登世界科技高峰,努力追求学术卓越,出更多高水平学术成果,为国防和军队现代化建设作出更大的贡献。

国防科学技术大学研究生院 王怀民

2013 年 1 月

2011 年国防科技大学
全国优秀博士学位论文及
全国优秀博士学位论文提名论文

全国优秀博士学位论文二篇：

航空宇航科学与技术学科，孙明波博士的论文《超声速来流稳焰凹腔的流动及火焰稳定机制研究》，导师王振国教授；

信息与通信工程学科，钟平博士的论文《面向图像标记的随机场模型研究》，导师王润生教授。

全国优秀博士学位论文提名论文二篇：

机械工程学科，赵宏刚博士的论文《基于声子晶体理论的水声吸声材料吸声特性研究》，导师温熙森教授；

管理科学与工程学科，吴俊博士的论文《复杂网络拓扑结构抗毁性研究》，导师谭跃进教授。

目　　录

第5章　基于自然连通度的复杂网络拓扑结构抗毁性分析

第6章　基于自然连通度的复杂网络拓扑结构抗毁性优化

第7章 复杂网络拓扑结构抗毁性应用研究

Contents

Chapter 3　Modeling of Invulnerability for Complex Network Topologies with Incomplete Attack Information

Chapter 4　Modeling of Invulnerability for Complex Network Topologies Based on Spectrum

Chapter 5   Analysis of Invulnerability for Complex Network Topologies Based on Natural Connectivity

Chapter 6   Optimization of Invulnerability for Complex Network Topologies Based on Natural Connectivity

Chapter 7 Applications of Invulnerability for Complex Network Topologies

摘　　要

21世纪以来,以信息技术的飞速发展为基础,人类社会加快了网络化进程。交通网络、通信网络、电力网络、物流网络……可以说,我们被网络包围着,这些我们赖以生存的网络越来越庞大,越来越复杂。但越来越频繁发生的事故也将一系列严峻的问题摆在我们面前:这些网络到底有多可靠? 一些微不足道的事故是否会导致整个网络系统的崩溃? 在发生严重自然灾害或者敌对势力蓄意破坏的情况下,这些网络是否还能正常发挥作用? 这些正是复杂网络抗毁性研究需要面对的问题。随着复杂网络研究的兴起,作为复杂网络最重要的研究问题之一,复杂网络抗毁性研究的重大理论意义和应用价值日益凸显出来,成为极其重要且富有挑战性的前沿课题。

本文以复杂网络理论为指导,综合运用图论、统计物理、运筹学、概率论、矩阵论、数理统计、计算机仿真等多学科领域知识,围绕"怎样度量复杂网络拓扑结构的抗毁性"、"什么样的复杂网络拓扑结构抗毁性好"以及"怎样提高复杂网络拓扑结构的抗毁性"三个问题,系统深入地研究了复杂网络拓扑结构抗毁性的建模、分析、优化及应用。本文主要研究工作及创新点如下:

(1)提出了一种新的复杂网络拓扑结构属性——秩分布。解析推导出了秩分布与度分布的数学关系,证明了当无标度网络的标度指数大于2时,度秩函数和秩分布仍服从幂率,当标度指数小于或等于2时,度秩函数和秩分布不再服从幂率,正好解释了学术界关于某些网络虽然频度图满足幂率,但其度秩图却偏离幂率的困惑。利用度分布与度秩函数的数学关系,精确推导出了无标度网络的最大度与平均度,而现有结论仅当标度指数大于2时有效。基于复杂网络的秩分布,提出了复杂网络拓扑结构非均匀性的一个新测度——秩分布熵,解析给出了无标度网络的秩分布熵。

(2)研究了不完全信息条件下复杂网络拓扑结构抗毁性。为了扩展现有随机失效和故意攻击抗毁性模型,将复杂网络攻击信息获取抽象成无放回的不等概率抽样问题,建立了不完全信息条件下的复杂网络拓扑结构抗毁性模型,网络攻击信息可以通过信息精度参数和信息广度参数调节控制,随机失效或故意攻击是本文模型的两个特例。利用概率母函数方法解析推导出了任意度分布广义随机网络在随机不完全信息和优先不完全信息条件下的两个重要抗毁性度量参数——临界移除比例和巨组元规模,得到的解析结果可以分析和预测不完全信息条件下复杂网络拓扑结构的抗毁性。以无标度网络为例对一般攻击信息参数组合进行了仿真分析,研究发现随机隐藏少量节点信息将大幅度提高复杂网络拓扑结构的抗毁性,获取少量重要节点的信息就可以大幅度降低复杂网络拓扑结构的抗毁性。

(3)提出了复杂网络拓扑结构抗毁性的谱测度方法。针对目前复杂网络拓扑结构抗毁性测度的不足,提出了一个基于邻接矩阵特征谱的复杂网络拓扑结构抗毁性测度——自然连通度。该测度从复杂网络的内部结构属性出发,通过计算网络中不同长度闭环数目的加权和,刻画了网络中替代途径的冗余性,在数学形式上表示为一种特殊形式的平均特征根,因此具有明确的物理意义和简洁的数学形式。证明了自然连通度的单调性,解析推导出了三类典型网络的自然连通度:正则网络、随机网络、无标度网络,通过比较发现自然连通度具备良好的解析分析能力,能客观刻画复杂网络拓扑结构的抗毁性。

(4)分析了三种结构属性对复杂网络拓扑结构抗毁性的影响。通过混合择优模型构造不同度分布复杂网络研究了度分布对抗毁性的影响,研究表明在相同条件下,度分布越不均匀抗毁性越强。从规则环状格子出发,通过保度随机重连和自由随机重连研究了小世界性对抗毁性的影响,研究表明复杂网络拓扑结构的抗毁性与小世界性并不存在必然的相关性:在正则网络中,小世界性的增强会减弱网络的抗毁性;在随机网络中,小世界性对抗毁性的影响取决于网络的稀疏程度。通过保度同配重连和保度异配重连研究了度关联性对抗毁性的影响,研究表明同配网络比异配网络的抗毁性更强。

(5)提出了基于禁忌搜索的复杂网络拓扑结构抗毁性仿真优化方法。建立了以自然连通度为目标函数、以边数量为约束条件的复杂网络拓扑结构抗毁性组合优化模型。在此基础上提出了基于禁忌搜索的复杂网络拓扑结构抗毁性仿真优化算法,设计了变量编码、定义了移动操作、给出了特赦准则、设置了终止准则、给出了算法流程,分析了最优抗毁性网络拓扑结构的若干结构属性。研究表明最优抗毁性网络拓扑结构的度分布非常不均匀,呈现出明显的同配度关联模式,核心节点之间相互连接紧密形成"富人俱乐部",度很小的末梢节点倾向于在外围互相连接。

(6)研究了三种实证复杂网络拓扑结构的抗毁性。分别以战勤管理保障网络、因特网、蛋白质分子结构为背景进行了应用研究。

主题词:复杂网络,无标度网络,抗毁性,度秩函数,秩分布,不完全信息,自然连通度,禁忌搜索,保障网络,因特网,蛋白质分子结构

ABSTRACT

Since the 21st century, based on the rapid development of information technology, the human society speeds up the progress of networking. Traffic networks, communication networks, power grid, logistic networks... We are surrounded by various networks. These networks, on which we depend, are larger and larger, more and more complex. However, more and more frequent accidents put a series of problems in front of us: How dependable of these networks? If any negligible faults can lead to a breakdown of whole network? If these networks can work normally under serious natural disasters or intentional attacks? These problems are just what we are trying to solve. As a focus, the study of invulnerability for complex networks is increasingly of great theoretical significance and application importance along with the rapid development of complex network theory.

Guided by complex network theory and according to the three scientific problems "how to measure the invulnerability of complex network topologies", "what kind of complex network topology has better invulnerability" and "how to improve the invulnerability of complex network topologies", this dissertation studies thoroughly and systematically the modeling, analysis, optimization and application of invulnerability of complex network topologies using methods of graph theory, statistical physics, operation research, probability theory, matrix theory, mathematical statistics and computer simulation. The main results and contributions of this dissertation are as follows.

(1) A new structural property of complex networks is proposed. The rank distribution as a new structural property of complex networks is proposed and an exact mathematical relationship between degree distribution, degree-rank function and rank distribution is derived. It is proved that the degree-rank functions and rank distributions of scale-free networks follow a power law only if the scaling exponent is greater than 2, which just explains the puzzle that the frequency-degree plots of some networks follow a power law, whereas the rank-degree plots deviate from a power law. Using the mathematical relationship between degree distribution and degree-rank function, the exact maximum degree and average degree of scale-free networks are derived. Based on rank distribution, a novel

measure of the heterogeneity called normalized entropy of rank distribution is proposed and the normalized entropy of rank distribution of scale-free networks is studied analytically.

（2） The invulnerability of complex network topologies with incomplete attack information is investigated. To extend random failure and intentional attack model, considering the process of acquiring attack information as the unequal probability sampling, a novel model for invulnerability of complex network topologies with incomplete attack information is proposed. In this model, the attack information can be controlled by a tunable attack information accuracy parameter and a tunable attack information range parameter. The known random failure and the intentional attack are two extreme cases of our model. Using the generating function method, the analytical expressions of the critical removal fraction of vertices for the disintegration of networks and the size of the giant component under two special cases of incomplete attack information, i. e. random incomplete information and preferential incomplete information are derived. The analytical results allow us to make predictions on the invulnerability of complex network topologies under attack with incomplete information. Taking scale-free networks for example, the invulnerability of complex network topologies with general incomplete attack information is studied numerically. It is shown that hiding just a small fraction of vertices randomly can enhance the invulnerability and detecting just a small fraction of important vertices preferentially can reduce the invulnerability.

（3） A spectral measure method for invulnerability of complex network topologies is established. The natural connectivity as a spectral measure of invulnerability in complex network topologies is proposed based on the spectrum of adjacency matrix. The natural connectivity characterizes the redundancy of alternative routes in a network by quantifying the weighted number of closed walks of all lengths in the network. This definition leads to a simple mathematical formulation that links the natural connectivity to the spectrum of a network. It is proved that the natural connectivity changes strictly monotonously with the addition or deletion of edges. The analytical expressions of natural connectivity for three well-known networks: regular ring lattices, ER random graphs and random scale-free networks are derived. It is shown that the natural connectivity has a strong analytical ability and an objective discrimination in measuring the invulnerability of complex networks.

（4） The effects of three structural properties on invulnerability of complex network topologies are investigated. The effect of degree distribution on invulnerability of complex network topologies is studied by generating complex networks with various degree distributions using mixing preferential attachment model. It is shown that, with the same condition, the more heterogeneous the degree distribution is, the better the invulnerability is. The effect of small-world property on invulnerability of complex network topologies is studied by degree-preserve rewarding and freedom rewarding from regular ring lattices, respectively. It is shown that there is no certain correlation between small-world property and invulnerability: the small-world property reduces the invulnerability of regular networks, and the effect of small-world on invulnerability of random networks depends on the edge density. The effect of degree correlation on invulnerability of complex network topologies is studied by degree-preserve-assortative rewarding and degree-preserve-disassortative rewirings, respectively. It is shown that assertive networks are more invulnerable than disassortative networks.

(5) A simulation optimization method for invulnerability of complex network topologies based on tabu search is proposed. A combinatorial optimization model for invulnerability of complex network topologies is established, in which the natural connectivity is the objective function and the number of edges is the constraint condition. Following the combinatorial optimization model, a simulation optimization method for invulnerability of complex network topologies based on tabu search is proposed and variables coding, moving operation, aspiration criterion, stopping criterion, algorithm procedures are provided. It is shown that the optimal network topology has a heterogeneous distribution, assortative degree correlation and a rich-club with ending vertices on the outskirts.

(6) The invulnerability of three practical complex network topologies is investigated. The invulnerability of military logistics networks, Internet and protein molecular structures are studied as applications respectively.

Key Words: complex networks, scale-free networks, invulnerability, degree-rank function, rank distribution, incomplete information, natural connectivity, tabu search, military logistics network, Internet, protein molecular structure

第 1 章 绪 论

1.1 研究背景

1.1.1 从复杂系统到复杂网络

将系统作为一个重要的科学概念予以研究,源于美籍奥地利理论生物学家贝塔朗菲(BertaLanffy)。他认为系统是"相互作用的诸要素的综合体"[1-3]。目前学术界对系统通用的定义是[4-7]:系统是由相互作用和相互依赖的若干组成部分(要素)结合而成的、具有特定功能的有机整体。从上述系统的定义可以看出,系统必须具备三个特征:第一,系统是由若干元素组成的;第二,这些元素相互作用、互相依赖;第三,由于元素间的相互作用,使系统作为一个整体具有特定的功能。从系统的这三个特征我们很自然联想到了另外一个概念"网络(network)"。所谓网络是指若干节点以及连接这些节点的边的集合(在数学中常被称为"图")。从系统的观点来看,网络是一类特殊的系统形态,它的组成要素是网络的节点,要素之间的关系是网络的边;但从另外一个角度来看,网络也可以作为反应系统拓扑特性的结构模型。一切事物都是相互作用的表现,可以认为,系统是相互作用的稳态(stable steady state)[8]。物理学研究物质间最基本的相互作用,化学研究分子间的相互作用,生物学研究基因、蛋白质以及生物体之间的相互作用,社会科学研究人和各种人类组织间的相互作用。因此,事物作为系统,其结构可以抽象为"网络模型",即把系统的组成要素抽象成网络的节点,把组成要素之间的相互作用抽象成网络的边。

系统科学理论本质上可以看成是一种模型理论[9],系统科学所提出的简单系统、简单巨系统[10]、复杂适应性系统[11]、开放的复杂巨系统[4]等各类不同系统,实际上都是不同类型的系统模型。系统科学研究整体与局部的关系,其理论中有一个经典的命题:1 + 1 > 2。对于这个命题,不同系统模型有着不同的诠释:简单巨系统理论强调"1"

的数量,复杂适应性系统强调"1"的适应性,而网络科学理论则强调命题中的"＋",即系统的结构如何影响系统的性质、行为和功能。结构是事物的基本属性,也是各学科领域研究的基本问题。虽然每门学科在其研究对象的结构方面,都有非常丰富的具体成果,但从系统学的高度,横跨物质系统、生物系统和社会经济系统的具体研究成果,也就是系统学层面的成果还不多,其系统层面的内涵迄今还没有完备的阐述[8]。正如复杂网络研究的开拓者 Barabási 在第三届国际网络科学大会上(NetSci08,英国)指出的那样,"在我们弄清楚系统各组成部分的连接关系之前,我们不可能完全理解复杂系统"。复杂网络作为一种新的研究范式,正成为研究复杂系统的全新视角和途径[12-20]。

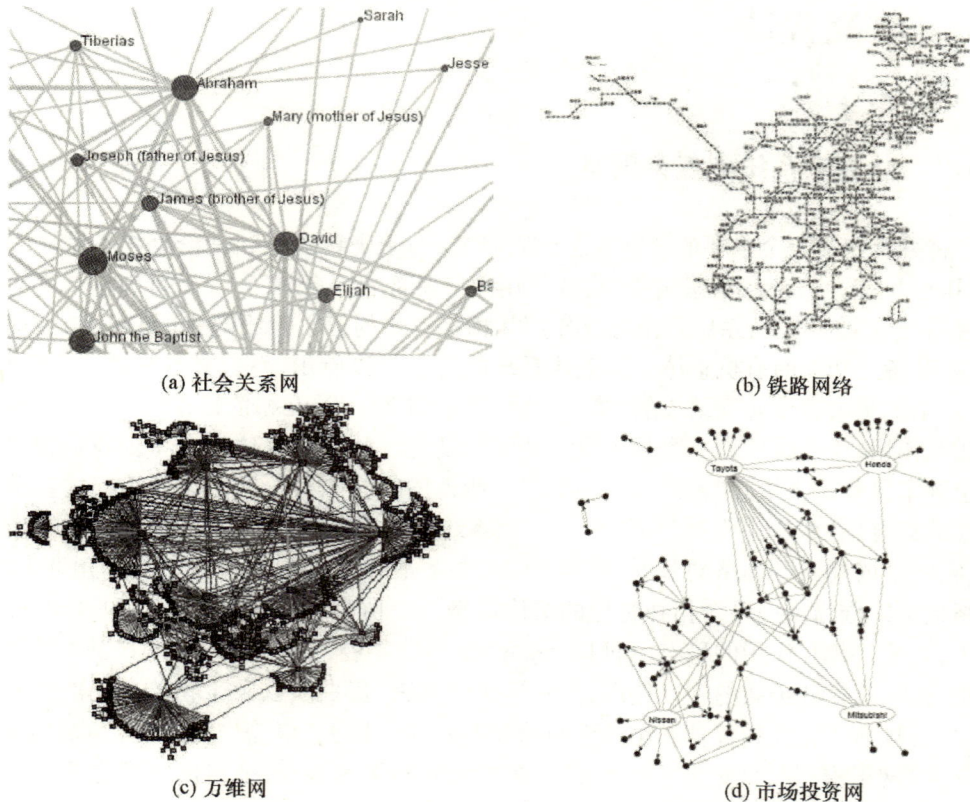

(a) 社会关系网　　　　　　　　　　(b) 铁路网络

(c) 万维网　　　　　　　　　　　(d) 市场投资网

图1.1　网络示例

对于网络,我们并不陌生。如图1.1所示,人类社会是人通过各种社会关系连成的网络,铁路网是由火车站和铁路线路构成的网络,万维网是由网页和超链接构成的网络,市场投资网是由公司通过控股关系形成的网络,甚至世界贸易、恐怖组织、产品营销都可以描述成一个网络。然而对于网络的迷局,科学家们并非一开始就走上了正确的道路。对网络最早进行研究的是数学家,其基本理论是图论,最早起源于著名的欧拉七桥问题。在之后的两百多年中,经典图论一直致力于对简单的规则网络进行抽象的数学研究,例如二维平面上的欧几里得格子,又或者最近邻规则环状网络[21]。传统图论的研究对象是小规模简单网络,在这些网络中节点数目不多,连接是确定的。当网络节点数目不断增加,节点间的连接越来越复杂,甚至无法确定的时候,图论就不可避免地要回避网络的复杂性。1959 年,Erdös 和 Rényi[22] 提出了一种随机网络模型(ER 模型)来描述复杂网络,这种方法一直延续使用到了上个世纪末。在随机网络模型中,各个节点之间的连接是随机的,节点的度(与节点相连接的边的数目)大致相等,度分布服从泊松(poisson)分布,其图像是一条钟型的曲线。这种方法在之后的40 年里一直被很多科学家认为是描述真实系统最适宜的网络[23]。随机网络之所以能"统治"这个领域多年,源于我们对现实世界中各种网络的实际数据知之甚少,面对庞大复杂且千差万别的网络,我们无从知晓其拓扑结构的奥秘。在这种"一无所知"的情况下假设网络中的边随机连接既是"理所当然",也是"迫不得已"。但很显然,现实世界中的网络既不是完全规则的,也不可能是完全随机的,复杂网络背后一定隐藏了很多潜在的一般属性。

1998 年,美国康奈尔大学(Cornell University)的 Watts 和 Strogatz[24] 在《Nature》上发表论文提出了小世界网络模型(small-word networks)。在小世界网络模型中,节点除了与其最近邻的节点连接,还能通过随机产生的若干"捷径"连接远距离节点。1999 年,美国圣母大学(University of Notre Dame)的 Albert 和 Barabási[25] 在《Nature》上发表论文指出万维网拓扑结构度分布满足"幂法则",即网络中具有大量的只有少量超链接的网页,少量具有中等数量超链接的网页和为数极少的具有大量超链接的网页。由于幂率分布具有标度不变性,缺乏一个特征度值,因此 Barabási 等把具有这种性质的网络称之为无标度网络(scale-free networks)[26],后来的研究表明这种性质并非万维网独有,无标度网络无处不在,复杂网络的研究开始进入"无标度网络时代"。这两篇复杂网络奠基性论文的第一作者 Watts 和 Albert 当时均为在读博士研究生,第二作者 Strogatz 和 Barabási 分别是他们的导师。其中,Strogatz 是非线性动力学领域的大师级科学家,Barabási 被称为"网络科学之父",2006 年获得由匈牙利约翰·冯·纽曼计算机学会颁发的约翰·冯·纽曼奖(John von Neumann Medal)。

自从小世界效应[24]和无标度特性[26]发现以来,复杂网络的研究在过去 10 年得到了迅速发展,其研究者来自图论、统计物理、计算机、生物学、社会学以及管理学等各个不同领域。对复杂网络的结构、功能、动力学行为进行科学理解以及可能的应用,已成为一门崭新的交叉学科——网络科学[27-36]。在图 1.2 中,我们利用 Thomson Scientific 公司的 ISI Web of Science 数据库统计了 1998 年以来以复杂网络、无标度网络、小世界网络为主题的论文数量。在图 1.3 中我们统计了 1998 年以来在世界顶级学术刊物《Nature》、《Science》上发表的以复杂网络为主题的论文数量。可以看出,复杂网络研究在过去 10 年蓬勃发展、方兴未艾,成为整个科学研究领域的"明星"。

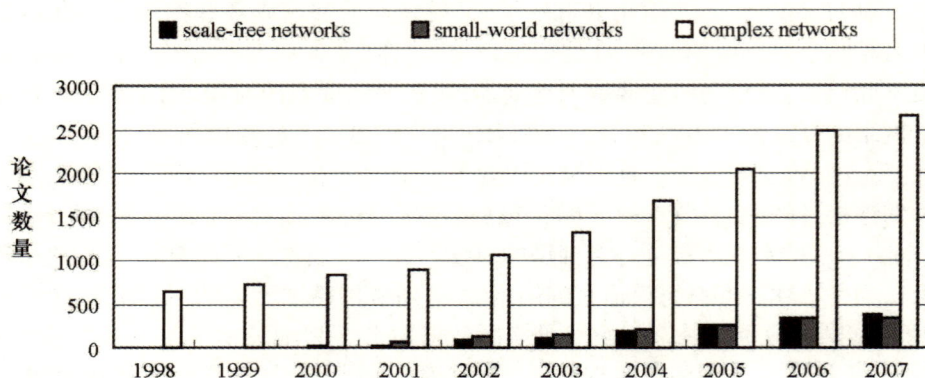

图 1.2　以复杂网络、无标度网络、小世界网络为主题的 SCI 检索论文数量

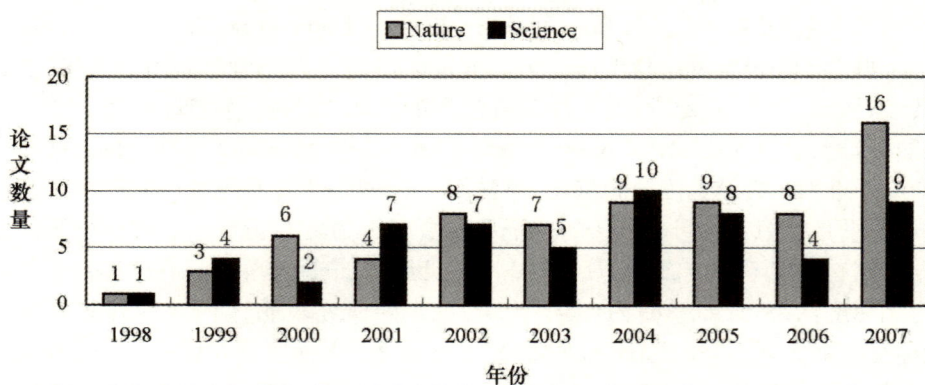

图 1.3　《Nature》、《Science》上发表的复杂网络论文数量

　　国内复杂网络的研究虽然起步稍晚于国外,但最近几年来发展势头强劲,队伍越来越壮大,国内多家科研院所都专门成立了复杂网络研究中心或研究小组。从 2003 年至今,国内召开的复杂网络学术会议多达 10 多次,最多时有 300 余人参加会议。国家科技部门也都认识到复杂网络研究的重要性,不仅明显加大了国家自然科学基金项目、863 项目以及 973 项目在复杂网络研究方面的资助力度,而且还将其列入《国家中长期科学和技术发展规划纲要(2006—2020)》和《国家"十一五"科学技术发展规划》。通过国家自然科学基金项目主题词检索,我们统计了 2002 年来国家自然科学基金资助的

复杂网络研究项目数量及在各学部的分布比例,如图 1.4 所示。可以看出,从 2002 年的 1 项到 2007 年的 25 项,资助数量正逐年增加,而且资助项目涵盖了国家自然科学基金所有七个学部:管理科学部,信息科学部,工程与材料科学部,地球科学部,生命科学部,化学科学部,数学与物理科学部,其中管理科学学部资助的项目大约占 40%。国家自然科学基金委管理学部的刘作仪详细分析了近年来国家自然科学基金管理科学部管理科学与工程学科对复杂网络理论及其在管理复杂性研究中应用的资助情况[37]。该研究显示复杂网络研究已经逐渐从物理、数学、控制等学科逐渐渗透扩散到社会经济管理领域,如金融市场复杂性、交通复杂性、物流与供应链管理、知识传播与扩散、组织管理等。此外,2007 年 7 月管理科学领域最权威的学术期刊《Management Science》出版了复杂系统与复杂网络专辑。这表明,复杂网络研究已成为包括管理科学在内的多个学科共同关注的前沿热点之一。

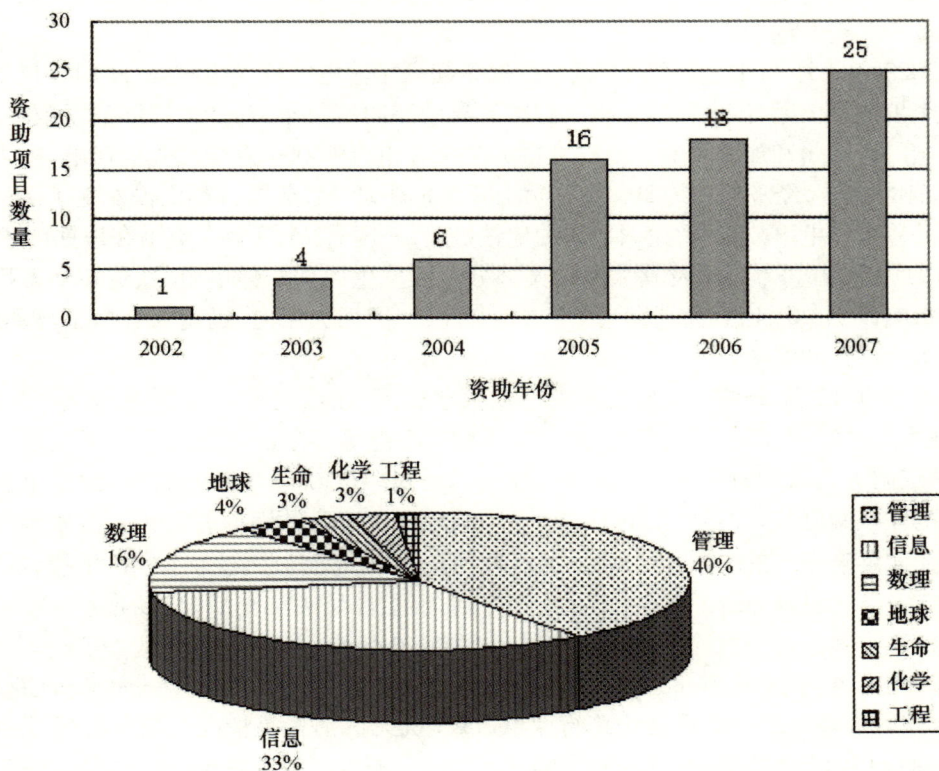

图 1.4 国家自然科学基金资助复杂网络研究项目数量及学科比例

1.1.2 为什么研究复杂网络抗毁性

1982 年 4 月 2 日至 6 月 14 日的英阿马岛战争中,英军封锁阿根廷与马岛的海上交通线,驻守马岛的阿军 1.1 万人因弹尽粮绝而向数量少于自己的英军投降。1991 年 1 月 17 日至 1991 年 2 月 28 日的海湾战争中,多国部队共出动飞机 2000 多架,对伊境内的指挥控制中心、各类仓库、通信及运输等网络系统等进行了集中轰炸,摧毁其中大部分设施,炸毁弹药库、油料库、给养库等 200 多个,底格里斯河与幼发拉底河上的 36 座桥被炸 33 座,导致伊拉克军队后勤保障网络严重毁坏,削弱其后勤保障能力的 90%。现代战争中,后勤保障网络成为敌对双方为达到其战役、战略目的而进行干扰、破坏的主要对象。在高技术兵器多方位、长时间、大规模、高精度、强火力的综合立体打击下,后勤保障网络将受到严重威胁,后勤保障网络的抗毁性对网络功能的发挥甚至战争的结局具有关键性的影响。

2003 年 8 月 14 日,美国俄亥俄州的三条超高压输电线路发生故障,随即导致该地区一个发电厂关闭,该电厂发生事故的频率异动瞬间波及全网,产生级联崩溃效应,导致美国的 8 个州和加拿大的 2 个省发生大规模停电,约 5000 万居民受到影响,损失负荷量 61800MW,经济损失约 300 亿美元。同年 8 月 28 日,英国首都伦敦发生了两个多小时的重大停电事故,导致伦敦 2/3 的地铁停运,一度有 25 万余人被困在地铁中;9 月 23 日,丹麦首都哥本哈根及其邻国瑞典部分地区发生大面积停电事故,近 400 万用户受到影响;9 月 28 日,意大利发生了历史上首次全国性大停电,境内仅有撒丁岛幸免,引起了全国性的混乱。

2006 年 12 月 26 日,南海台湾附近发生地震,受强烈地震影响,中美海缆、亚太 1 号、亚太 2 号海缆、FLAG 海缆、亚欧海缆、FNAL 海缆等多条国际海底通信光缆发生中断,造成附近国家和地区的国际和地区性通信受到严重影响。这一事故导致整个亚太地区的互联网服务几近瘫痪,中国内地至台湾地区、美国、欧洲等方向国际港澳台通信线路受此影响亦大量中断,国际港澳台互联网访问质量受到严重影响,国际港澳台话音和专线业务也受到一定影响,大量海外客户的金融、商贸无法交易,许多业务一个多月后才恢复正常。

2006 年 4 月 20 日 10 时 56 分至 17 时 30 分,中国银联网络系统突发故障,北京、上海、杭州等大城市纷纷出现无法跨行取款、POS 机无法消费等情况。据称全球至少有 34 万家商户以及 6 万台 ATM 受到影响,跨行业务、刷卡消费中断 6 小时左右。2007 年 1 月 7 日沪指大涨 126.59 点,创一年半来最大单日涨幅。但当天 9 时至 16 日下午 2 时,申银万国证券交易所网上交易系统出现大面积拥堵,网络交易受阻的用户转而使用电话委托,进而造成电话委托同样出现拥堵,大量股民眼看着大盘渐渐走高,却无法交易。2007 年 2 月 27 日农历新年后的第二个交易日,当投资者还沉浸在新年开门红的喜悦之中时,沪深两市却突然出现了罕见的暴跌,最终大跌 268.8 点,跌幅 8.84%,以点数计创下有史以来的最大单日跌幅。但当天上海证券有限责任公司商城路营业部因服务器故障造成当天上午的股票交易异常缓慢,众多股民因无法交易而损失惨重。

2008 年 1 月 25 日,在持续了十多天的冰雪天气后,湖南郴州一架巨大输电塔轰然倒下,一条 10 万伏的高压线搭在了其下 2.5 万伏的铁路接触网上,导致配电所跳闸断电,N582 次列车行驶至湖南耒阳时失去电力,拉开了湖南地区电网崩溃、交通瘫痪、人员滞留的序幕。25 日晚,连锁反应使数十辆列车被迫停在铁路线上,截至 1 月 26 日凌晨止,京广线上就有 136 列客车晚点,20 万人滞留广州火车站。与此同时,由于冰冻难行,京珠高速公路也陷入半瘫痪状态,在湖南段滞留的车辆和旅客、司机一度达到 2.7 万辆、8 万人,堵塞距离长达 190 公里。冰雪灾害期间,浙江、安徽、江苏、福建、湖北、湖南、四川、重庆、贵州、云南、广西、广东等电网的电力设施均遭到不同程度的破坏,局部地区由于电力设施毁坏严重使电力供应中断达 10 余天之久。电网和交通的瘫痪使一些县城、乡镇成了孤岛,交通瘫痪、电力中断、供水停止、燃料告急、食物紧张……

21 世纪以来,以信息技术的飞速发展为基础,人类社会加快了网络化进程。交通网络、通信网络、电力网络、物流网络……可以说,我们被网络包围着,这些我们赖以生存的网络越来越庞大,越来越复杂。但越来越频繁发生的事故也将一系列严峻的问题摆在我们面前:这些网络到底有多可靠? 一些微不足道的事故隐患是否会导致整个网络系统的崩溃? 在发生严重自然灾害或者敌对势力蓄意破坏的情况下,这些网络是否还能正常发挥作用? 这些正是复杂网络抗毁性研究需要面对的问题。随着复杂网络研究的兴起,作为复杂网络最重要的研究问题之一,复杂网络抗毁性研究的重大理论意义和应用价值日益凸显出来,成为极其重要而且富有挑战性的前沿科研课题。

网络抗毁性(invulnerability)研究一直是一个备受关注的问题,几乎所有的网络都存在抗毁性问题。对于有益的网络,如因特网、电力网、交通网,我们希望其抗毁性越强越好;对于有害的网络,如恐怖组织网络、病毒传播网络,我们希望其抗毁性越弱越好。目前,在不同研究领域、不同研究层次上抗毁性有着不同定义,但总体来说网络抗毁性考虑的都是在一定破坏策略下,网络在节点或边出现故障后继续维持功能的能力。这种破坏可能是源自于网络内部发生的随机故障,也可以是来自网络外部的蓄意攻击。为了明确问题,在此我们不妨给出如下网络抗毁性定义:

定义 1.1　网络抗毁性(广义)是指在网络中的节点或边发生自然失效或遭受故意攻击的条件下,网络维持其功能的能力。

影响网络抗毁性的因素可能有很多,如网络部件(节点或边)的可靠性、备份数量,网络承担任务的多少,网络的路由策略,网络的维修保障能力,网络运行管理效率等。但是,影响网络抗毁性的最根本因素还是拓扑结构,我们不妨将其定义为"狭义抗毁性"。

定义 1.2 网络抗毁性(狭义)是指在网络中的节点或边发生自然失效或遭受故意攻击的条件下,网络拓扑结构保持连通的能力。

考虑到复杂网络研究的核心任务是理解结构如何影响功能和行为,本文选择以复杂网络为研究对象,以狭义抗毁性为研究内容,以系统科学和网络科学相关理论为指导,综合运用图论、统计物理、运筹学、概率论、矩阵论、数理统计、计算机仿真等学科领域知识,系统深入地研究复杂网络拓扑结构的抗毁性。如无特别说明,下文中抗毁性均指狭义抗毁性。

1.2 国内外研究现状

1.2.1 复杂网络研究现状

目前,关于复杂网络还没有明确的定义,但一般认为复杂网络具有以下几个特征[14, 32]:

(1)节点复杂性:网络中节点数量众多,节点本身可能是非线性系统,具有分岔和混沌等非线性动力学行为,而且一个网络中可能有多个不同类型的节点。

(2)结构复杂性:网络连接结构既非完全规则也非完全随机,具有其内在的组织规律。

(3)演化复杂性:网络中节点(边)的数量不断变化,网络在时间和空间上不断演化。

复杂网络在数学上可以描述成一个图 $G = (V, E)$,其中 $V = \{v_1, v_2, \cdots, v_N\}$ 表示节点(vertex)集合,$E = \{e_1, e_2, \cdots, e_W\} \subseteq V \times V$ 表示边(edge)的集合,$N = |V|$ 表示节点数量,$W = |E|$ 表示边数量。在此,我们约定本文中图与网络的概念是等同的。如果$(u, v) = (v, u)$,则称该网络为无向图(undirected graphs),否则为有向图(directed graphs)。若给每条边赋予一个权值,则称该网络为加权图(weighted graphs),否则称为无权图(unweighted graphs)。连接同一节点的边称为自环(loop),连接相同两个节点的边称为重边(multi-edges)。无环且无重边的图称为简单图(simple graphs)。如无特别说明,本文主要讨论简单图,未见说明的概念和术语参见文献[45]和[21]。

目前,复杂网络的研究可以归纳为以下四个方面:

(1)复杂网络实证研究

(2)复杂网络结构研究

(3)复杂网络模型研究

(4)复杂网络行为研究

接下来,我们将分别综述这四个方面的研究进展。

1.2.1.1 复杂网络实证研究

由于计算机技术的迅猛发展,人们开始有能力收集和处理各种不同类型网络的实际数据。特别是在关于小世界网络[24]和无标度网络[26]的奠基性工作之后,人们对来自不同领域的各类复杂网络进行了广泛深入的实证研究。不断涌现出来的实证结果成为促进复杂网络研究迅速发展的"动力源泉"。沿用 Newman 的方法[46],我们可以将现实世界中的复杂网络分为以下四大类。

(1)社会网络

社会网络是人或人的群体的集合,这些人之间具有某一接触或相互作用模式[47],如个体之间友谊网络[48]、公司之间商业关系网络[49]、家族之间联姻网络[50]、性接触网络[51]。一个丰富且相对可靠的社会网络数据源是合作网络[52, 53]。此种类型网络一个经典的例子是电影演员的合作网络[54],其他例子包括公司董事网络[55]、科研合作网络[56]。另一个关于社会关系的可靠数据源是通讯记录,如电话、短信、电子邮件等。Aiello 等[57-58]对由 AT&T 长途网络一天内的通话所构建的网络进行了研究。Ebel 等[59]利用 email 服务商保留的日志文件重新构建了 Kiel 大学五千名学生之间的 email 通讯模式。最近,Onnela 等[60]研究了包含四百六十多万个节点的移动电话通信网络,该网络中移动电话用户为网络节点,相互之间若有通话记录则连接一条无向边,用累积通话记录对边赋权。

(2)信息网络

信息网络的类别有时也被称为"知识网络"。信息网络经典之例是学术论文之间的引文网络。引文网络在 Price 早期论文中有所讨论[61],作者首次发现引文网络的入度和出度分布都服从幂律。从那以后,出现了很多其他的有关引文网络的研究,特别值得一提的是 Seglen[62]和 Redner[63]所做的工作。信息网络另一个非常重要的例子是万维网。万维网自从 20 世纪 90 年代首次出现以来,关于它的研究非常多,特别有影响力的包括 Albert 等的研究[25]、Kleinberg 等[64]的研究以及 Broder 等的研究[65]。信息网络的其他一些例子还包括专利之间的引用网络[66]、P2P 网络[67]等。

（3）技术网络

第三种复杂网络是技术网络，即人类设计构造的网络，其典型目的是分配商品或资源。电力网络是一个很好的例子[68-69]，它是一个高伏电压三相传输线的网络，跨越一个国家或者国家的一部分。其他的例子包括航空网络[70-71]、公路网络[72-73]、铁路网络[74-75]、河流网络[76-77]。另一个研究得非常广泛的技术网络是因特网。由于因特网上计算机的数量庞大且经常变动，因此对此网络结构的研究通常是粗略的。目前关于因特网路由器级或自治系统级拓扑结构的文献非常丰富[78-79]。

（4）生物网络

生物网络的典型例子是代谢网络[80-82]，它是代谢基质和代谢产物的刻画，如果已知代谢反应存在，其作用于给定基质并产生指定产物，两者之间由有向边连接。蛋白质之间的相互作用网络也是一种重要的生物网络，很多研究人员对其结构属性进行了研究[83-85]。生物网络还有一个研究得很多的例子就是食物网。构建完整的食物网工作量非常大，但近年来一些学者对食物网的拓扑结构进行了统计学研究，如 Solé[86]、Montoya[87-88]、Camacho[89-90] 以及 Dunne[91-92]。

近年来，国内学者在复杂网络的实证研究方面也做出了大量有价值的工作。如中药方剂网络[93]、长江港口网络[93]、淮扬菜系网络[94]、中国旅游线路合作网络[95]、中国电力网[96]、中国内地电影网络[97]。此外，国内学者还研究了中国城市航空网络[98]、中国城市交通网络[99-101]、软件网络[102]、上海证券网络[103]、商业竞争关系网络[104-105]，等。

1.2.1.2　复杂网络结构研究

随着对复杂网络实证研究的深入，研究人员提出了许多概念和方法，用于定量刻画复杂网络的结构属性。通过对这些结构属性的分析，研究人员发现了复杂网络很多普适性的规律。下面我们先介绍四个最主要的结构属性。

（1）度分布

度分布（degree distribution）是复杂网络最重要的结构属性。所谓节点的度是指该节点连接的边数，度分布则表示节点度的概率分布 $p(k)$，即随机选择一个节点恰有 k 条边的概率。度分布对于节点数目很少的简单网络而言意义不大，我们可以直接观察记录每个节点的度。但对于拥有大量节点的复杂网络，简单列出所有节点的度毫无意义，我们需要观察整个网络中节点度的统计特征。

近年来，大量的实证研究表明[46,106-107]，许多实际网络的度分布都遵循幂律分布，即

$$p(k) \sim k^{-\gamma} \tag{1.1}$$

其中 γ 称为标度指数。幂律分布在双对数坐标系下是一条下降的直线。幂律分布意味着网络中大多数节点的度很小，但同时存在少量节点度很大的核心节点（hub vertex）。与幂律分布相对应的是泊松分布，即

$$p(k) \sim \frac{e^{-\gamma}\langle k\rangle^{-k}}{k!} \tag{1.2}$$

泊松分布意味着网络中大多数节点的度都集中在平均度 $\langle k\rangle$ 附近，不可能出现度很大的节点，也不可能出现度很小的节点。

（2）平均最短路径长度

平均最短路径长度（average shortest path length）是网络中另一个重要的结构属性，它指网络中所有节点对之间的最短距离的平均值，即

$$L = \frac{1}{N(N-1)}\sum_{i \neq j} d_{ij} \tag{1.3}$$

其中 d_{ij} 表示节点 v_i 和 v_j 之间的最短距离，$1 \leq i,j \leq N$。通常称所有节点对之间最短距离的最大值为网络的直径（diameter）

$$D = \max_{i \neq j} d_{ij} \tag{1.4}$$

平均路径长度和直径衡量的是网络的连通性能与效率。显然，当网络不连通时上述平均最短路径长度不再适用，因为此时 $L = \infty$。为了解决这个问题，Latora 等[108-109]提出网络效率（efficiency）的概念：

$$E = \frac{1}{N(N-1)}\sum_{i \neq j} \frac{1}{d_{ij}} \tag{1.5}$$

这样，当网络不连通时也可以测度网络的连通性能。大量实证分析表明大多数复杂网络虽然节点数目众多，但都具有较小的平均最短路径长度，通常称之为"小世界效应"。小世界效应可以用数学的语言严格定义[110]，即平均最短路径长度 L 随网络节点数目 N 呈对数或者更慢速度增长。对数增长的情况在很多网络模型中得到证实[111-112]，在大量现实世界网络中也可观察到[110, 107]。

（3）集聚系数

集聚系数（clustering coefficient）有时也称为传递性（transitivity），它刻画了网络中这样的现象：如果节点 A 与节点 B 相连，并且节点 B 与节点 C 相连，那么节点 A 也极有可能与节点 C 相连，用社会网络的语言来说，你朋友的朋友也可能是你的朋友。节点 v_i 的集聚系数 C_i 描述的是网络中 v_i 邻居之间的连接关系，可通过与该节点邻居间实际存在的边数目占最大可能存在的边数的比例来测度[24]，即

$$C_i = \frac{2e_i}{k_i(k_i-1)} \tag{1.6}$$

其中 k_i 表示节点 v_i 的度, e_i 表示 v_i 邻居之间实际存在的边数。网络的平均集聚系数 C 定义为所有节点集聚系数的算术平均值, 即

$$C = \frac{\sum_{i=1}^{N} C_i}{N} \tag{1.7}$$

实际上, 我们还可以通过统计网络中三角形的数目来刻画网络的平均集聚系数[113], 即 $C = 3N_\Delta / N_3$, 其中 N_Δ 表示网络中三角形的数目, N_3 表示全部"有序三元组"的数目。大量实证分析表明, 大多数复杂网络都具有较大的平均集聚系数[106, 110, 114]。Dorogovtsev 等[115] 和 Szabo 等[116] 对无标度网络中节点的度 k_i 和集聚系数 C_i 做了研究。两个研究小组均发现, 节点度和集聚系数有着负相关性, 即 $C_i \sim k_i^{-\alpha}$。Ravasz 等发现[117], 这种相关性和网络的层级结构有关, 并将 α 称为"层级指数"。此外, 一些学者还研究了高阶集聚系数[118-119] 和加权网络的集聚系数[120]。

(4)度关联性

度关联性刻画的是网络中不同度节点之间的微观连接模式[121-123]。如果度大的节点倾向于连接度大的节点, 则称网络是同配的(assortative); 反之, 如果度大的节点倾向于和度小的节点连接, 则称网络是异配的(disassortative)。

Pastor-Satorras 等[121] 最先研究了因特网中的度关联性, 并给出了度关联性一个简洁直观的刻画, 即计算度为 k 的节点的邻居平均度, 其值为 k 的函数

$$k_{nn}(k) = \sum_{k'} k' p(k' \mid k) \tag{1.8}$$

其中 $p(k' \mid k) = \frac{\langle k \rangle p(k', k)}{k' p(k')}$ 为条件度分布, $p(k', k)$ 为联合度分布。对于同配网络, 邻居平均度函数是关于 k 的单调递增曲线; 对于异配网络, 邻居平均度函数是关于 k 的递减曲线; 对于不相关的网络, 邻居平均度函数为平行线。随后, Newman[122] 进一步简化了度相关性的计算方法, 指出只需计算节点度的 Pearson 相关系数就可以描述网络的度相关性, 即

$$r = \frac{W^{-1} \sum_{k} u_k v_k - \left[W^{-1} \sum_{k} \frac{1}{2}(u_k + v_k) \right]^2}{W^{-1} \sum_{k} \frac{1}{2}(u_k^2 + v_k^2) - \left[W^{-1} \sum_{k} \frac{1}{2}(u_k + v_k) \right]^2} \tag{1.9}$$

其中, u_k、v_k 分别表示连接第 k 条边的两个节点的度, W 表示网络的总边数。r 的取值范围为 $-1 \leqslant r \leqslant 1$, 当 $r > 0$ 时, 网络是同配的; 当 $r < 0$ 时, 网络是异配的; 当 $r = 0$ 时, 网络是不相关的。Newman[122] 发现了关于度关联性一个有趣性质, 即社会网络都是同配网络, 而其他类型的网络(信息网络、技术网络、生物网络)都是异配网络。

（5）富人俱乐部现象

富人俱乐部（rich-club）现象就是指度大的节点之间比度小的节点之间具有更大的边密度，即"富人"比"穷人"更加紧密地连接在一起[124-128]。将网络中所有节点按照度从大到小排序，令 S_r 表示排在前 r 的节点集合，其中 $1 \leqslant r \leqslant N$。富人俱乐部现象可以通过富人俱乐部连通度（rich-club connectivity）来刻画：

$$\phi(r/N) = \frac{2E_r}{|S_r|(|S_r|-1)} = \frac{1}{|S_r|(|S_r|-1)} \sum_{i,j \in S_r} a_{ij} \tag{1.10}$$

其中 E_r 表示 S_r 中边的数量，$|S_r|$ 表示 S_r 中节点的数量。富人俱乐部现象与度关联性从不同角度刻画了节点之间的微观连接模式，两者相互影响但并不等价。

Zhou 等[124, 126]最先研究了因特网中的富人俱乐部现象，他们发现在因特网中度最大的1%的核心节点之间具有32%的边密度，即 $\phi(1\%) = 32\%$。后来的研究表明，其他很多网络中也都呈现出富人俱乐部现象，而且该现象对网络的结构和动力学行为具有重要影响。

除了上面五个最重要的结构属性，复杂网络还有很多其他值得关注的结构属性，如模块性（modularity）[129-132]、二部性（bipartivity）[133-135]、对称性（symmetry）[136-137]、相似性（similarity）[138-142]。本文关注的复杂网络抗毁性也是复杂网络最重要的结构属性之一，我们将在后面详细述评其研究现状。

1.2.1.3　复杂网络模型研究

以实证研究获得的数据为基础，以复杂网络的各种结构度量参数为工具，人们对复杂网络的结构掌握得越来越清楚。接下来的任务就是建立复杂网络的模型去"捕获"观察到的结构属性，"重现"现实世界中的复杂网络，为复杂网络动力学行为研究提供一个"平台"，为复杂网络的优化设计、分析、控制提供有力支持。下面我们介绍目前主要的复杂网络模型。

（1）规则网络模型

在相当长一段时间里，研究人员都倾向于用规则网络（regular networks）来描述现实世界里的各种网络。最常用的规则网络是由规则环状格子（regular ring lattices），即网络中 N 个节点围成一圈，每个节点只与它最近的 $2K$ 个节点连接（左右各 K 个节点）。在规则环状格子中，每个节点具有相同的度 $2K$ 和相同的集聚系数：

$$C = \frac{3(2K-2)}{4(2K-1)} \tag{1.11}$$

易知，当 K 很大时，$C \approx 0.75$。这说明规则环状格子具有很高的集聚系数。但研究表明规则环状格子的平均路径长度随网络规模呈线性增长：

$$L \sim \frac{N}{4K} \tag{1.12}$$

这意味着规则环状格子不具有小世界效应,从而用规则环状格子来描述现实世界中的网络将存在偏差。

(2)随机网络模型

最初的随机网络模型是由匈牙利数学家 Erdös 和 Rényi[22, 143] 提出的,有时也被称为 Erdös-Rényi(ER)模型。Erdös 和 Rényi 提出了两种构造随机网络的方法:

①给定节点数目 N,从所有可能的 C_N^2 条边中随机选择 W 条边构成一个随机网络,记为 $G_{N,W}$;

②给定节点数目 N,以概率 p 确定任意两个节点之间是否连接边构成一个随机网络,记为 $G_{N,p}$。显然,当 $W = pC_N^2$ 时,$G_{N,W}$ 与 $G_{N,p}$ 等价。

Erdös 和 Rényi 等[22, 143]研究了 ER 随机网络的最小度和最大度的分布,Bollobás[144] 则推导出 ER 随机网络的度分布服从二项分布:

$$p(k) = C_{N-1}^k p^k (1-p)^{N-1-k} \tag{1.13}$$

当 N 很大时,ER 随机网络的度分布近似服从泊松分布:

$$p(k) = e^{-\langle k \rangle} \frac{\langle k \rangle^k}{k!} \tag{1.14}$$

其中 $\langle k \rangle = (N-1)p \approx Np$ 为 ER 随机网络的平均度。

在其经典论文中,Erdös 和 Rényi 等[22, 143]揭示了 ER 随机网络的若干临界现象,主要结果有:

①如果 $p < 1/N$,则 $G_{N,p}$ 中的连通片规模几乎一定为 $o(\log N)$;

②如果 $p = 1/N$,则 $G_{N,p}$ 中的最大连通片规模几乎一定为 $\Theta(N^{2/3})$;

③如果 $p > 1/N$,则 $G_{N,p}$ 中的最大连通片规模几乎一定为 $\Theta(N)$,并且其他连通片规模为 $o(\log N)$;

④如果 $p < \ln N/N$,则 $G_{N,p}$ 几乎一定不连通;

⑤如果 $p \geqslant \ln N/N$,则 $G_{N,p}$ 几乎一定连通。

这里,某个性质几乎一定(almost surely)成立指当 $N \to \infty$ 时该性质成立的概率趋于 1。随机网络 $G_{N,p}$ 的其他性质归纳如下[23]:

①$G_{N,p}$ 的平均最短路径长度 $L \sim \ln N/\ln(pN)$;

②$G_{N,p}$ 的平均集聚系数 $C \sim p$。

ER 模型提出后,从 20 世纪 50 年代末到 90 年代末的近四十年里,大规模网络主要用这种简单模型来描述,即认为网络的形成过程中,节点间的连接是完全随机的。

从上面的介绍可以看出,随机网络具备小世界效应,但平均集聚系数很小,最关键的是其度分布为泊松分布,这与现实世界中复杂网络的实证结果并不完全相符。为了构造出具有任意度分布的随机网络,研究人员提出了广义随机网络(generalized random networks)[145],有时也被称为配置模型(configuration model),其算法如下:

Step 1 给定节点的度序列$(d_1, d_2, \cdots, d_N)$;

Step 2 按照度序列给每个节点分配 d_i 根辐条(spokes);

Step 3 随机连接所有的辐条。

研究人员对配置模型做了大量工作。例如,Molloy 等给出了给定度序列随机网存在巨组元的临界条件[146]及其期望大小[147];Newman 等[145]采用母函数方法系统研究了广义随机网络。此外,Chung 等还提出了扩展随机网络(extended random networks)[112, 148-149]。与广义随机网络不同的在于扩展随机网络是基于给定的期望度序列,广义随机网络是基于给定的准确度序列。扩展随机网络算法如下:

Step 1 给定节点的期望度序列$(d_1, d_2, \cdots, d_N)$;

Step 2 按照概率 $p_{ij} = d_i d_j / \sum_k d_k$ 确定节点之间是否连接。

易知,在扩展随机网络中,节点 v_i 度的期望值为 d_i。Chung 等研究了给定期望度序列随机网中节点到节点之间的距离[112]、连通片规模[148]以及特征谱[149]。

(3)小世界网络模型

规则网络集聚系数高但不具有小世界效应,随机网络具有小世界效应但集聚系数小,能否找到一种网络模型同时满足两个条件呢?1998 年,Watts 和 Strogatz 提出小世界网络模型回答了这个问题[24-27]。小世界网络(WS 模型)算法如下:

Step 1 从规则环状格子开始:网络中 N 个节点围成一圈,每个节点只与它最近的 $2K$ 个节点连接(左右各 K 个节点),为了使网络连接具有稀疏性,令 $N \gg K$;

Step 2 随机化:以概率 p 随机重连(rewire)所有边(不允许自环和重边)产生 NKp 条"长程连接"。

不难看出,$p=0$ 和 $p=1$ 分别对应两种极端:规则环状格子和随机网络。通过调节重连概率 p 可以实现从规则环状格子到随机网络的渐变。随着重连概率 p 增加,小世界网络的平均最短路径长度迅速减少,但平均集聚系数却改变很小。这样通过恰当的重连概率 p,我们就可以得到一个同时具有较大集聚系数和较小平均最短路径长度的小世界网络。然而,小世界网络的度分布仍然和随机网络相同,为泊松分布[150-151]。在 WS 模型提出不久,Newman 和 Watts 对 WS 模型作了改进(NW 模型)[152],通过在随机选择的节点对之间增加边作为长程连接,而原始格上的边保持不动。这样当 $p=1$ 时网络变成完全网络。由于 NW 模型比 WS 模型更容易进行解析分析,因此被广泛使用。1999 年,Kasturirangan[153]提出了 WS 模型的另外一个替代模型,该模型同样始于规则环状格子,然后,在格中间增加节点并与格上的节点随机进行连接,这些随机连接的边充当了 WS 模型中"长程连接"的角色。Dorogovtsev 和 Mendes[154]对这一模型进行了精确求解。为进一步研究小世界特性,在二维方格的基础上 Kleinberg 提出了 WS 网络的一般化模型[155]。

(4)无标度网络模型

上面介绍的规则网络所有节点的度均相同,其度分布为 δ 函数。随机网络和小世界网络的度分布均为泊松分布,即在度的均值处有一峰值,在峰值两侧呈指数快速衰减,因此具有泊松分布的网络有时也被称为指数网络(exponential networks)。因为大多数真实复杂网络的度分布都为幂律分布,所以随机网络和小世界网络有很大局限性。为了产生具有幂律度分布的网络,1999 年 Barabási 和 Albert[26]提出了著名的择优连接模型,又称为 BA 模型。该模型的算法如下:

Step 1 增长:初始时网络中有 m_0 个节点,每步增加一个新节点,该节点与网络中 $m \leqslant m_0$ 个已存在的节点相连接;

Step 2 择优连接:新节点按照概率 Π 优先选择与已存在的节点相连接,即节点度为 k_i 的节点被选择的概率为

$$\Pi(k_i) = \frac{k_i}{\sum_i k_i} \tag{1.15}$$

Barabási 等[156]首先利用平均场(mean-filed)方法给出了 BA 模型的稳态度分布:

$$p(k) \sim 2m^2 k^{-3} \tag{1.16}$$

之后,Dorogovtsev[157] 和 Krapivsky[158] 分别用主方程(Master equation)和率方程(Rate equation)方法给出了 BA 模型度分布精确解。BA 模型的提出对复杂网络研究起到了巨大的推动作用,是目前使用最广泛的复杂网络模型。然而,BA 网络模型也有很多缺陷,很多研究人员对其进行了修改和完善[106]。例如,Krapivsky[158]研究了非线性择优连接模型,Dorogovtsev 等研究了具有初始吸引因子的择优连接模型[157]和加速增长择优连接模型[159],Bianconi[160]提出了具有适应度(fitness)的择优连接模型,Liu 等[161]提出了混合择优模型。

择优连接机制虽然被公认为是幂律形成的主要机制,但也有许多学者提出新的机制来产生无标度网络。例如,Kleinberg 等[64]提出了复制机制来解释万维网的幂律形成原因,Chung 等[162]建立了一个生物网络的复制模型,Krapivsky 和 Render[163]提出了基于边的重定向机制模型,Vázque 等提出了随机行走机制[164]的网络模型等。

以上我们介绍了几种主要的复杂网络模型。实际上随着复杂网络研究的逐渐深入,各种复杂网络模型层出不穷,几乎每个月都有相关论文发表。限于篇幅,这里未能

详述。值得指出的是,国内学者在复杂网络建模领域十分活跃,也做出了大量有价值的工作,如上海交通大学的李翔小组研究了局域世界网络模型[165-166],大连理工的章忠志(现为复旦大学博士后)等研究了多个确定性和演化复杂网络模型[167-169],北京师范大学的狄增如小组研究了加权网络模型[170-171],中国科技大学的汪秉宏小组研究了交通流驱动的含权网络模型[172],中国原子能科学研究院的方锦清小组研究了和谐统一混合择优模型[173-174],等等。

1.2.1.4 复杂网络行为研究

复杂网络的结构决定了其功能,研究复杂网络结构的最终目的是为了认识和控制构建于这些网络之上的动力学行为,因此研究复杂网络上的动力学行为是复杂网络研究的重要组成部分。下面我们介绍几类主要复杂网络动力学行为研究的进展。

(1)同步动力学

同步(synchronization)是广泛存在于自然界和人类社会中一大类现象:不同的过程在时间上保持一致或相关[175-176]。动力系统中的同步可定义为两个(或多个)系统的某些特征调整到具有相同的行为。自从 17 世纪 Huygens 发现两个弱连接的钟摆在相位上的同步以来,大量的同步现象被观察和研究,如萤火虫闪烁的一致性、管弦乐队小提琴的协奏以及激光发生器的同步性等。1990 年,Pecora 和 Carroll 在《物理评论快报》(PRL)上面发表了关于混沌系统同步的开创性论文[177],之后对同步的研究兴趣转移到了对混沌系统同步研究上来。在过去十余年中各种不同类型的混沌同步被提出并被研究,如完全同步(complete synchronization)[178-179]、混沌相同步(chaotic phase synchronization)[180-181]、延迟同步(lag synchronization)[182-183]、投影同步(projective synchronization[184-185])、预期同步(anticipated synchronization)[186-187]等。

随着复杂网络研究的兴起,复杂网络上的同步问题引起了许多研究人员的关注[188-191]。值得指出的是,我国学者关于复杂网络上的同步研究处于世界领先地位,香港科技大学的陈光荣,上海交通大学的汪小帆、李翔,中科院数学与系统科学研究院的吕金虎,电子科技大学的李春光,复旦大学的卢文联在这个领域取得了很多有价值的成果。其中,李翔、汪小帆和陈关荣教授联合撰写的一篇关于复杂动态网络控制的论文[192]还获得了 2005 年 IEEE 电路与系统协会 Guillemin-Cauer 奖,该奖用于奖励在过去两年中发表在 IEEE 电路与系统汇刊上的最佳论文。吕金虎[193]、李春光[175]、卢文联[176]还因为在该领域取得的优异成绩入选了全国优秀百篇博士论文。

(2)传播动力学

计算机病毒在因特网上的蔓延[194-195]、传染病在人群中的流行[196]、谣言在社会中的扩散等[197-198],都可以看作是服从某种规律的网络传播动力学行为。如何去描述这种传播行为,揭示它的特性,寻找出对该行为进行有效控制的方法,一直是数学家、物理学家和计算机学家共同关注的焦点[199]。目前研究最彻底、应用最广泛的传染病模型是 SIR 模型和 SIS 模型[200]。在 SIR 模型中,人群被划分为三类:第一类是易感人群(S),他们不会感染他人,但有可能被传;第二类是染病人群(I),他们已经患病,具有传染性;第三类是免疫人群(R),他们是被治愈并获得了免疫能力的人群,不具有传染性,也不会再次被感染。对于像肺结核、淋病这类治愈后患者也没有办法获得免疫能力的疾病,使用 SIR 模型是不适宜的,这时候往往采用 SIS 模型,该模型与 SIR 模型类似,只是患者被治愈后自动恢复为易感状态。Grassberger[201]最早讨论了网络上的传播动力学行为,指出网络传播的 SIR 模型可以等价于网络上的键渗流(bond percolation),该结论最近由 Sander 等推广到了更一般的情形[202]。

由于以前的网络传播模型大都是基于规则网络的,因此,复杂网络不同统计特征的发现使人们面临更改既有结论的危险。Moore 和 Newman[203]最早对 NW 小世界网络上的传播行为进行了较系统的研究,Kuperman 和 Abramson[204]研究了 WS 小世界网络网络上的 SIRS 模型。他们发现,在小世界网络中,疾病的传播临界值明显比在规则网络中小。2000 年以后,网络传播动力学研究的重点开始从小世界网络转移到无标度网络。Pastor-Satorras 和 Vespignani[205-207]利用平均场的方法给出了一般网络上 SIS 模型传播临界值,从而发现在无标度网络中,无论传染强度多么小疾病都能持久存在,即传播临界值消失了。Boguna 和 Pastor-Satorras[208]以及 Moreno 等[209]进一步研究了度相关网络中的传播临界值,也得到了同样的结果。面对新挑战,研究人员提出了很多有效的免疫(immunity)方法来面对[210-213]。

(3)网络搜索

另一个具有重要意义的网络动力学行为是网络搜索。最简单的方法就是对整个网络进行穷举分类(或"爬行"),为所发现的数据创建一个经提炼后的局部图。万维网搜索引擎就采用这种方法。Brin 和 Page[214]提出了一种经典的经典算法,其最简单的形式本质上与特征向量中心性[215]等同。这一算法被证实非常有效,它在被广泛运用的搜索引擎 Google 中得到应用。后来,Kleinberg[155]进一步改进了该算法。

网络搜索另一途径是进行有导向的搜索。有导向的搜索策略适合于某些种类的网络搜索,特别是搜索会被一般搜索引擎(其覆盖面非常小)所忽视的特定内容,以及搜索诸如分布式数据库等其他类型的网络。穷举搜索策略是一次爬行整个网络,为找到的数据建一个索引,然后将其存储下来进行局部搜索。而有导向的搜索策略则针对每次搜索查询进行小而有特定目标的爬行,其采用的是智能方式即仔细地寻找最有可能包含相关信息的网络顶点。例如,Adamic 等[216]给出了一个直接利用网络结构的搜索算法,该算法利用大多数网络的不对称顶点度分布来快速找出所需结果,被设计用于

P2P 网络。

1.2.2 网络抗毁性研究现状

目前,网络抗毁性研究主要基于两大理论:图论和统计物理。接下来,我们分别综述其研究现状。

1.2.2.1 基于传统图论的网络抗毁性研究现状

图论是组合数学领域最活跃的分支之一,图的抗毁性是图论的重要研究内容。目前,在图论中有很多图的不变量(invariant)被用来刻画图的抗毁性。

(1)连通度(vertex connectivity)

图的节点连通度和边连通度是最早用来刻画图的抗毁性参数。图 G 的点连通度是指使图变成不连通或平凡图所需去掉的最少的节点数,记为 $\kappa(G)$,即

$$\kappa_V(G) = \min\{|S| : S \subseteq V(G), \omega(G-S) > 1\} \tag{1.17}$$

其中 $V(G)$ 指节点集,$\omega(G)$ 指连通片的数目。图 G 的边连通度记为 $\kappa_E(G)$,即

$$\kappa_E(G) = \min\{|S'| : S' \subseteq E(G), \omega(G-S') > 1\} \tag{1.18}$$

其中 $E(G)$ 指边集。图的连通度存在明显不足,它们只考虑了网络被破坏的难易程度,却未考虑网络遭受的破坏程度,之后很多测度被提出来弥补这个不足。

关于连通度的主要结论有[217]:

①$\kappa_E(G) \leqslant \kappa_V(G) \leqslant m(G)$,其中 $m(G)$ 指图 G 的最小度;

②如果 $m(G) \geqslant [W/2]$,则 $\kappa_E(G) = \kappa_V(G)$,其中 $[\ ]$ 表示取整;

③$\kappa_V(G) \leqslant [2W/N]$,$\kappa_E(G) \leqslant [2W/N]$;

④$\kappa_V(G) = k$ 当且仅当 G 中每对节点之间存在 k 条不相交的路径。

(2)坚韧度(toughness)

图的坚韧度最初是由 Chvátal[218] 提出用来研究图的 Hamilton 性的。后来有人研究了其在刻画图的抗毁性方面的应用[219-222]。图的节点坚韧度被定义为

$$\tau_V(G) = \min\{|S|/\omega(G-S) : S \subseteq V(G), \omega(G-S) > 1\} \tag{1.19}$$

图的边坚韧度被定义为[223-224]

$$\tau_E(G) = \min\{|S'|/(\omega(G-S')-1) : S' \subseteq V(G), \omega(G-S') > 1\} \tag{1.20}$$

Bauer 等[225-226] 证明了计算图的坚韧度是 NP 难问题。

关于坚韧度的主要结论有[218]:

①$\tau_V(T) = 1/M(T)$,其中 T 为 $N \geqslant 3$ 阶树,$M(T)$ 为最大度;

②$\tau_V(P_N) = 1/2$,其中 P_N 为 $N \geqslant 3$ 阶路图;

③$\kappa_V(G)/\alpha(G) \leqslant \tau_V(G) \leqslant N/\alpha(G) - 1$，其中 G 连通，$\alpha(G)$ 为 G 的独立数。

（3）完整度（integrity）

图的完整度的灵感来自于通讯中断[227]，它不仅考虑了网络被破坏的难易程度，还考虑了被破坏后最大连通片的规模。节点完整度定义为[227]

$$I_V(G) = \min\{|S| + \psi(G-S) : S \subseteq V(G), \omega(G-S) > 1\} \tag{1.21}$$

其中 $\psi(G)$ 为最大连通片的中节点的数目。边完整度定义为

$$I_E(G) = \min\{|S'| + m(G-S') : S' \subseteq V(G), \omega(G-S') > 1\} \tag{1.22}$$

图的完整度提出后，人们对其作了深入的研究，得到了许多有用结果，其中包括最大完整度图问题，完整度与其他参数的关系等[228-234]。图的完整度用来刻画图的抗毁性，对某些图优于图的连通度。一般情况下，完整度愈大，图的抗毁性愈好。然而，研究表明关于图完整度的计算问题是 NP 完全问题[235, 228-229]。作为扩展，研究人员还提出了领域完整度[236-240]。

关于完整度的主要结论有[228-230, 241-242]：

①$I_V(K_N) = N$，其中 K_N 为 N 阶完全图；

②$I_V(S_N) = 2$，其中 S_N 为 N 阶星型图；

③$I_V(P_N) = \lceil 2\sqrt{N+1} - 2 \rceil$，其中 P_N 为 N 阶路图，$\lceil x \rceil$ 表示不大于 x 的整数；

④$I_V(C_N) = \lceil 2\sqrt{N} - 1 \rceil$，其中 C_N 为 N 阶圈图，$\lceil x \rceil$ 表示不大于 x 的整数。

（4）粘连度（tenacity）

图的粘连度[243]不仅考虑了网络被破坏的难易程度，还同时考虑了网络被破坏后最大连通片的规模以及连通片的数目，相比之下是一个更为细致的抗毁性测度[244-246]。图的节点粘连度被定义为[243]

$$T_V(G) = \min\{(|S| + m(G-S))/\omega(G-S) : S \subseteq V(G), \omega(G-S) > 1\} \tag{1.23}$$

图的边粘连度被定义为[247]

$$T_E(G) = \min\{(|S'| + m(G-S))/\omega(G-S') : S' \subseteq V(G), \omega(G-S') > 1\} \tag{1.24}$$

不幸的是，无论粘连度还是边粘连度的计算问题均为 NP 完全问题[245]。

关于粘连度的主要结论有[241-242]：

①$T_V(K_N) = N$，其中 K_N 为 N 阶完全图；

②$T_V(S_N) = 2/(N-1)$，其中 S_N 为 N 阶星型图；

③$(\kappa_V(G) + N)/\alpha(G)^2 \leqslant T_V(G) \leqslant (N - \alpha(G) + 1)/\alpha(G)$，其中 G 连通，$\alpha(G)$ 为 G 的独立数。

（5）离散数（scattering number）

离散数最初是由 Jung 提出来研究极大非 Hamilton 图的[248]，是坚韧度的变种。后

来,欧阳克智等[249]用它研究了图的抗毁性,张胜贵[250]证明了计算图的离散数是 NP 完全问题。图的节点离散数被定义为

$$S(G) = \max\{\omega(G-S) - |S| : S \subseteq V(G), \omega(G-S) > 1\}$$

关于离散数的主要结论有[241-242]:

①$S_V(S_N) = N - 2$,其中 S_N 为 N 阶星型图;

②$S_V(P_N) = 1$,其中 P_N 为 N 阶路图;

③$S_V(C_N) = 0$,其中 C_N 为 N 阶圈图;

④$N - \kappa_V(G) \leqslant S_V(G) \leqslant N - 2\kappa_V(G)$,其中 G 为 N 阶非平凡连通图。

我国学者提出的核度概念与离散数等价[251-254]。

（6）膨胀系数（edge expansion coefficient）

膨胀图最初是由 Bassalygo 和 Pinsker[255]于 1973 年提出的,之后 Pinsker[256]首先证明了膨胀图存在性。提出膨胀图的最初动机是构建经济、没有瓶颈的健壮网络（电话网或计算机网络）。图的边膨胀系数被定义为

$$h(G) = \min_{1 \leqslant S \leqslant N/2} \frac{|\partial(S)|}{|S|}$$

其中 $\partial(S)$ 表示 S 与 $G-S$ 之间的边。图的边膨胀系数在很多文献中也被称为"等周数（isoperimetric number）"。图的节点膨胀系数被定义为

$$g_\alpha(G) = \min_{1 \leqslant S \leqslant N\alpha} \frac{|\partial(S)|}{|S|}$$

膨胀图概念在理论与实践中都发挥着极其重要的作用,横跨数学、通信和计算机等多个领域[257-258]。现在,膨胀图已成为离散数学和计算机科学中迅速发展的研究课题,在算法设计[259]、纠错码[260-262]及网络抗毁[263-268]等方面都有广泛应用。1989 年 Mohar 证明了计算图的膨胀系数是 NP 难问题[269]。但是,研究表明 K 正则图的膨胀系数可由其谱沟（spectral gap）$K - \lambda_2$ 估计[270],即

$$(K - \lambda_2)/2 \leqslant h(G) \leqslant \sqrt{2K(K - \lambda_2)}$$

其中 λ_2 为图 G 邻接矩阵的第二大特征根。这意味着谱沟越大,膨胀系数越大。

（7）代数连通度（algebraic connectivity）

1973 年,Fiedler[271]研究发现一个图中连通片的数目等于该图 Laplace 矩阵零特征根的重数,这意味着一个图连通当且仅当它的 Laplace 矩阵的次小特征根大于零。Fiedler 发现 Laplace 矩阵的次小特征根可以用来测度网络的连通性能,因此将其称为代数连通度（algebraic connectivity）。关于图的代数连通度最著名的结论是 Fiedler 不等式

$$\lambda_2 \leqslant \kappa_V(G) \leqslant \kappa_E(G) \leqslant m(G)$$

代数连通度提出后引起了研究人员的广泛关注[272-275]。后来的研究表明它不仅与网络抗毁性相关,还与很多网络动力学行为有关。如网络上的共识(consensus)[276-277]、网络同步[278-279]、数据融合[280-281]。

1.2.2.2　基于统计物理的网络抗毁性研究现状

传统图论的研究对象大多是小规模的简单网络,在这些网络中节点数目不多,连接是确定的。但正如我们前面介绍的,现实世界中包含数百万个甚至数亿个节点的网络也屡见不鲜。网络规模的变化迫使我们相应地改变现有分析方法。"移除网络中某个节点会对网络性能产生什么样的影响"这个问题对于小规模网络是有意义的,但对于拥有几百万个节点、连接方式复杂多样的大规模网络而言,或许"随机移除多少比例的节点网络会崩溃"这个问题更有意义。于是,近年来网络研究的焦点出现了一个重要的新变迁,即从研究小规模简单网络的精确性质转变为研究大规模复杂网络的统计属性,统计物理的很多方法开始被广泛应用到复杂网络研究中。

从统计物理学的角度来看,网络是一类包含了大量个体以及个体之间相互作用的系统,是把某种现象或某类关系抽象为个体以及个体之间相互作用而形成的用来描述这一现象或关系的图[15, 18]。研究网络中微观结构性质与宏观动力学行为的关系是复杂网络研究的核心内容,而统计物理学正是从微观到宏观的桥梁。统计物理学不仅在方法论上为复杂网络研究注入了新的活力,而且大大地拓展了复杂网络研究的视野。统计物理不仅和图论一样关心网络自身的拓扑性质,而且关注网络上进行的各种物理过程和动力学行为,诸如传播、同步、自组织临界、玻色爱因斯坦凝聚等[282]。下面,我们从抗毁性实证研究、抗毁性建模与分析、抗毁性优化研究三方面综述目前基于统计物理的网络抗毁性研究现状。

(1)抗毁性实证研究

复杂网络抗毁性研究最早始于2000年Albert等[283]的工作。他们考察了两种失效模式:随机失效(random failure),即随机地移除网络中的节点;故意攻击(intentional attack),即按照节点度从大到小的顺序移除节点。Albert等研究发现,在随机失效下,无标度网络相对随机网络有着更强的抗毁性,但是无标度网络面对故意攻击显得异常脆弱。无标度网络这种双重特性(robust-yet-fragile)也被称为"Achilles' heel"。在因特网和万维网上的实证分析验证了他们的结论。Albert等的研究激起了大量研究人员对网络抗毁性的兴趣,他们提出的随机失效、故意攻击模型也被广泛使用。

Broder[65]等在万维网的许多更大子集合上独立研究,发现了与Albert等相似的结果。然而,有趣的是,Broder等就他们的研究结果做出了另外的解释。他们发现,为了破坏万维网的连通性,必须删除所有度数大于5的节点,这给网络造成的攻击性似乎更猛烈,此处假定一些节点有上千条关联边。因此,他们得出结论认为,网络对有目标的攻击具有很强的抗毁性。然而,事实上,他们所得的结果之间并不存在冲突。因为,万维网的节点度分布高度倾斜,度数大于 5 的节点在所有节点中仅占一小部分。

在此之后,有很多学者对其他现实世界中的复杂网络抗毁性问题展开探讨,总体研究结果似乎都与 Albert 等所得结果一致,多数网络对于随机的节点移除都表现出很强的抗毁性,而面对以最大度节点为目标的故意攻击却相当脆弱。例如,Jeong 等研究了蛋白质网络[83],Dunne 等[284]研究了食物链网络,Newman 等[285]研究了电子邮件网络,Magoni 等[286]研究了因特网,Samant 等[287]研究了 P2P 网络。有关复杂网络抗毁性的仿真研究,特别全面的要数 Holme 等[288]所做的工作。他们不仅考虑了节点删除的情况,还考虑了边删除的情况,此外还考虑了基于的介数(betweenness)[289]的攻击策略。

(2)抗毁性建模与分析

Cohen 等[290]把网络抗毁性问题转化为于广义随机网络[291]上的渗流问题,利用渗流理论(percolation theory)[292-293]解析地研究了复杂网络的抗毁性,即节点正常对应于渗流问题中节点被占据,节点失效对应于渗流问题中节点空缺。Cohen 等提出了一个计算临界移除比例 f_c 的准则:假设网络中的自环可以忽略,那么如果对于网络中的任意节点 v_i 在与巨组元(giant component)中某个节点 v_j 连接的同时还与其他节点连接,则网络存在巨组元,否则网络崩溃,即临界条件为:

$$\langle k_i \mid i \leftrightarrow j \rangle = \sum_{k_i} k_i p(k_i \mid i \leftrightarrow j) = 2 \tag{1.25}$$

所谓"巨组元"指的是包含网络中大多数节点的连通片,即几乎一定 $|S| = \Theta(N)$[146-147]。由条件概率公式可将临界条件可化简为

$$\kappa \equiv \langle k^2 \rangle / \langle k \rangle = 2 \tag{1.26}$$

进而可以得到网络崩溃的临界移除比例:

$$f_c = 1 - \frac{1}{\kappa_0 - 1} \tag{1.27}$$

其中 $\kappa_0 = \langle k_0^2 \rangle / \langle k_0 \rangle$ 可由初始度分布 $p(k_0)$ 计算出。用相同的方法,Cohen 等[294]又解析地研究了复杂网络对故意攻击的抗毁性。由于 Cohen 等在推导过程中对度分布进行了连续性近似,所以得到的临界移除比例 f_c 过大,Dorogovtsev 等[295]对其进行了更为精确的推导。

与 Cohen 等一样,Callaway 等[296]也把网络抗毁性问题转换为一个广义随机图上的渗流问题,但他们提出了一个更为普遍的母函数方法。在他们的方法中,一个度为 k 的节点其被占据的概率推广为节点度的任意函数 q_k,这样随机失效相当令 q_k 为常数,文献[65]中的故意攻击(删除所有度大于 k_{max} 的节点)相当于令 $q_k = \theta(k_{max} - k)$,其中 θ

为阶越函数。对于度分布为 $p(k) = Ck^{-\gamma}e^{-k/\kappa}$ 的可调幂率网络[297]，Callaway 等用母函数方法解析地给出了随机失效条件下的临界移除比例。他们发现无标度网络对于随机失效很鲁棒，但对于故意攻击极其敏感，只需删除很小部分的顶点就可以破坏整个网络，这与 Cohen 等的结果一致。之后，Schwartz 等[298]还将计算推广到了有向图。

Gallos 等[299]研究了不同攻击与防御策略下无标度网络的抗毁性。他们给每个节点分配一个失效概率 W，它被定义为节点度的函数

$$W(k_i) = k_i^{\alpha} \Big/ \sum_{j=1}^{N-1} k_j^{\alpha} \tag{1.28}$$

当 $\alpha < 0$ 时，网络中节点度越大失效概率越小；当 $\alpha = 0$ 时，失效模式等价于随机失效；当 $\alpha > 0$ 时，网络中节点度越大失效概率越大。Gallos 等结合仿真和解析的方法研究了不同失效模式下网络临界移除比例。

池丽平等[300]研究了 ER 随机网络、WS 小世界网络、BA 无标度网络在修复机制下的临界移除比例以及在修复前后复杂网络的拓扑结构变化。他们的研究发现修复机制的引入大大增强了网络抵抗持续攻击的能力，提高了网络的抗毁性。

Vázquez 等[301]研究了考虑度关联条件下的复杂网络抗毁性。他们提出了考虑度关联条件下网络崩溃的新临界条件：矩阵 $(k'-1)p(k'|k)$ 的最大特征值等于 1。他们发现如果网络是同配的，即便是对有限二阶距，临界移除比例也可能趋近于 1，反之，如果度数是异配的，即使二阶距发散，临界移除比例仍可能小于 1。

此外，Sun 等[302]还研究了局域世界演化模型的抗毁性。他们发现局域世界的规模对网络抗毁性具有重要的影响，通过控制局域世界规模可以达到网络面对随机失效和故意攻击抗毁性的平衡。

（3）抗毁性优化研究

Shargel 等[303]首先研究了参数可调 BA 模型上的抗毁性优化问题。他们引入两个可调参数 $p \in [0,1]$，$g \in [0,1]$ 分别对应 BA 模型中的择优连接和网络增长。当 $p = g = 0$ 时，该网络模型等价于随机网络（ER 模型）；当 $p = g = 1$ 时，该网络模型等价于原始 BA 模型。Shargel 等通过仿真的方法优化参数组 (p,g) 来优化网络的抗毁性，他们发现当 $(p,g) = (1,0)$ 时，网络具有较好的抗毁性。

Paul 等[304]研究了无标度网络、双幂率网络（two power-law regimes）、双峰分布网络（two-peak distribution）等几种不同度分布网络中网络抗毁性的优化问题，目的是同时提高网络对随机失效和选择性攻击的综合抗毁性。Paul 等研究表明，当 $\gamma \approx 2.5$ 时，无标度网络的综合抗毁性达到最优。Paul 等还指出在他们所研究的几种度分布中，双峰分布网络（$k_1 \approx \langle k \rangle$，$k_2 \sim N^{2/3}$）具有相对最强的综合抗毁性。

采用和 Paul 等类似的优化模型，Valente 等[305]将复杂网络的抗毁性优化研究推广

到了更为普遍的广义随机网络上。Valente 等的研究表明当单独考虑随机失效或选择性攻击时,最优度分布为双峰分布(two-peak distribution,bimodal),但当同时综合考虑随机失效和选择性攻击时,最优度分布为三峰分布(three-peak distribution),即 $p(k_{\min})$ $+p(k^*)+p(k_{\max})=1$,其中 $k_{\min}<k^*<k_{\max}$。

文献[304-305]虽然都综合考虑了随机失效与选择性攻击,但随机失效与选择性攻击并不是同时发生在网络上。Tanizawa 等[306]研究了随机失效与选择性攻击同时作用时抗毁性的优化,他们把随机失效与选择性攻击描述成一系列的"攻击波",在一轮攻击波中随机移除 p' 节点,选择性移除 p^a 节点。假设网络在 m 轮攻击波后崩溃,则临界移除比例 $f_c=m(p'+p^a)$。Tanizawa 等研究发现当度分布为双峰分布时 f_c 最大,且 f_c 仅与 p^a/p' 有关。在这种最优的双峰度分布网络中,比例为 r 的节点度为$(\langle k\rangle-1+r)/r$,其余节点度为 1,其中 r 与 p^a/p' 有关。

王冰等[307]研究了复杂网络抗毁性的熵优化问题。他们把网络面对随机故障的抗毁性优化转化为度分布熵的优化。利用熵优化模型,他们研究了无标度网络面对随机故障的抗毁性,他们给定最小度,无标度网络的抗毁性随网络规模的增加而增强,随网络的标度指数的增加而减弱,随网络平均度的增加而增强。此外,王冰等[308]还提出了一种基于禁忌搜索的复杂网络抗毁性优化方法。他们以网络效率为目标函数,通过禁忌搜索逐步优化网络的抗毁性,他们发现得到的最优网络具有较少的核心节点和异配度关联模式。

1.2.3 存在的问题

在前面两个小节中,我们详细介绍了复杂网络以及网络抗毁性相关研究现状。可以看出,目前复杂网络抗毁性的研究正方兴未艾,取得了很多有价值的成果,但同时也存在很多问题:

(1)基于传统图论的抗毁性研究由于侧重对抗毁性的精确刻画导致绝大多数抗毁性测度指标的计算都是 NP 问题。这意味着从计算复杂性角度来看,传统图论的抗毁性研究很难适用大规模复杂网络。

(2)基于统计物理的抗毁性研究通过观察节点或边移除过程中网络性能的变化以及网络状态的相变来刻画网络的抗毁性,这意味着我们只能通过仿真的方法对网络抗毁性进行评估,当网络规模不太大时,这种基于仿真的评估会出现很大误差,这也导致相关方法无法推广到中等规模网络或小规模网络。

(3)绝大多数基于统计物理的抗毁性研究只考虑随机失效和故意攻击两种极端,没有考虑中间情况。实际上,大多数情况既不是随机失效,也不可能是完全信息攻击,我们面临更多的是不完全信息攻击,即部分节点信息已知,部分节点信息未知。

(4)无论是基于图论还是统计物理的抗毁性测度指标都是"外部测度",即反映了网络对失效或攻击的承受能力,但未能直接从网络内部结构属性出发刻画网络的抗毁性。

(5)现有研究侧重于抗毁性的评估,却忽视分析和优化。大多研究将精力集中于网络抗毁性测度和模型,却忽视了分析网络拓扑结构对抗毁性的影响,所以很少能回答"什么样的网络拓扑结构抗毁性好"和"怎样提高网络拓扑结构的抗毁性",其实这才是研究网络抗毁性的最终目的。

1.3 本文主要研究工作

1.3.1 研究思路

复杂网络拓扑结构抗毁性研究需要解决以下三个科学问题:

(1)怎样度量复杂网络拓扑结构的抗毁性?

复杂网络拓扑结构抗毁性的度量是复杂网络抗毁性的基础和前提。我们需要通过分析复杂网络的特点,研究复杂网络拓扑结构抗毁性概念的内涵与外延,界定抗毁性与其他概念的联系与区别,在此基础上给出复杂网络拓扑结构抗毁性的定义,构建复杂网络拓扑结构抗毁性的度量参数,综合利用图论、概率论、统计物理等理论和方法建立复杂网络拓扑结构抗毁性的解析或仿真模型。

(2)什么样的复杂网络拓扑结构抗毁性好?

这个问题是复杂网络拓扑结构抗毁性研究的核心。我们需要以抗毁性度量参数为基础,通过对复杂网络宏观与微观结构属性、静态与动态行为的定性、定量刻画,分析这些属性与行为之间的相互关联特征,探索研究复杂网络各种属性与行为对抗毁性的影响,明确抗毁性好的复杂网络拓扑结构应该具有的要素,为复杂网络拓扑结构抗毁性的设计、优化、控制提供理论依据。

(3)怎样提高复杂网络拓扑结构的抗毁性?

得到抗毁性好的复杂网络是我们研究的最终目的。我们需要通过复杂网络拓扑结构抗毁性分析,研究复杂网络拓扑结构抗毁性的优化设计方法,提出满足大规模复杂网络需求的快速有效算法,通过重要度分析找出网络中的关键单元,研究复杂网络的最优防御策略与方法,研究复杂网络的最优故障修复策略与方法。

本文根据目前复杂网络拓扑结构抗毁性研究中存在的问题,以复杂网络拓扑结构抗毁性研究需要解决的三个科学问题为研究线索,首先建立复杂网络拓扑结构抗毁性模型,以此为基础分析复杂网络宏观与微观结构属性对抗毁性的影响,进而研究复杂网络拓扑结构抗毁性的优化方法,最后将研究成果分别应用到不同领域中去。其中,抗毁性建模对应第一个科学问题"怎样度量复杂网络拓扑结构的抗毁性",抗毁性分析对应第二个科学问题"什么样的复杂网络拓扑结构抗毁性好",抗毁性优化对应第三个科学问题"怎样提高复杂网络拓扑结构的抗毁性"。研究思路可由图 1.5 表示。

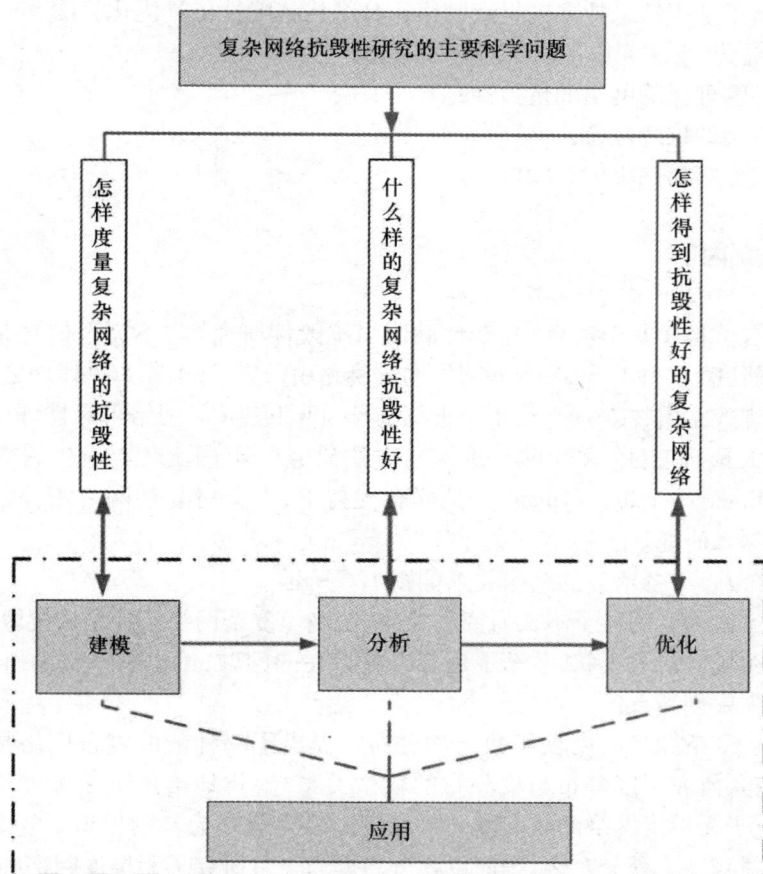

图 1.5　本文研究思路

在建模部分,本文完成了以下两方面工作:

(1)建立了不完全信息条件下的复杂网络拓扑结构抗毁性模型;

（2）建立了基于特征谱的复杂网络拓扑结构抗毁性模型。

在分析部分，本文完成了以下三方面工作：

（1）研究了度分布对复杂网络拓扑结构抗毁性的影响；

（2）研究了小世界性对复杂网络拓扑结构抗毁性的影响；

（3）研究了度关联性对复杂网络拓扑结构抗毁性的影响。

在优化部分，本文完成了以下两方面工作：

（1）建立了基于自然连通度的复杂网络拓扑结构抗毁性组合优化模型；

（2）提出了基于禁忌搜索的复杂网络拓扑结构抗毁性仿真优化算法。

在应用部分，本文完成了以下三方面工作：

（1）战勤管理保障网络的抗毁性；

（2）因特网的抗毁性；

（3）蛋白质结构网络的抗毁性。

1.3.2 研究内容

在国家自然科学基金项目"复杂负载网络抗毁性研究"、"不完全信息条件下复杂网络抗毁性研究"、"针对 Scale-free 网络的紧凑路由研究"，国家 863 计划项目"快速自组织重构的抗毁路由技术研究"，十一五国防预研项目"××网络可靠性评价与分析研究"，国防科大预研项目"××网络理论与方法研究"，英国工程与自然科学基金项目"Networks：Emergence and dynamics"的联合支持下，本文对复杂网络拓扑结构抗毁性进行了系统深入研究。

全文共分八章，各章节的结构关系如图 1.6 所示。

第 1 章　绪论。阐述了本文研究的背景，明确了复杂网络拓扑结构抗毁性的概念，综述了相关领域的研究现状，总结了现有研究存在的问题，给出了本文的研究思路、研究内容以及主要创新点。

第 2 章　复杂网络的度秩函数与秩分布。提出了一种新的复杂网络拓扑结构属性——秩分布，研究了度分布与秩分布的数学关系，解析地给出了无标度网络的秩分布，进而研究了无标度网络的最大度和平均度。以秩分布为基础提出了复杂网络非均匀性的一个新测度 – 秩分布熵，进而以秩分布熵为工具研究了无标度网络的非均匀性。本章的相关成果在后面几章中都得到应用，是全文的一个理论铺垫。

第 3 章　不完全信息条件下复杂网络拓扑结构抗毁性建模。首先将不完全信息条件下的复杂网络攻击信息获取抽象成无放回的不等概率抽样问题，建立了不完全信息条件下的复杂网络拓扑结构抗毁性模型，进而解析推导了随机信息和优先信息条件下

第1章　绪论
（研究背景、研究现状、主要创新点）

第2章　复杂网络的度秩函数与秩分布
（理论铺垫）

建模

第3章　不完全信息条件下复杂网络拓扑结构抗毁性建模

第4章　基于特征谱的复杂网络拓扑结构抗毁性建模

分析

第5章　基于自然连通度的复杂网络拓扑结构抗毁性分析

优化

第6章　基于自然连通度的复杂网络拓扑结构抗毁性优化

应用

第7章　复杂网络拓扑结构抗毁性应用研究
（因特网、保障网络、蛋白质分子结构）

第8章　结束语
（总结、展望）

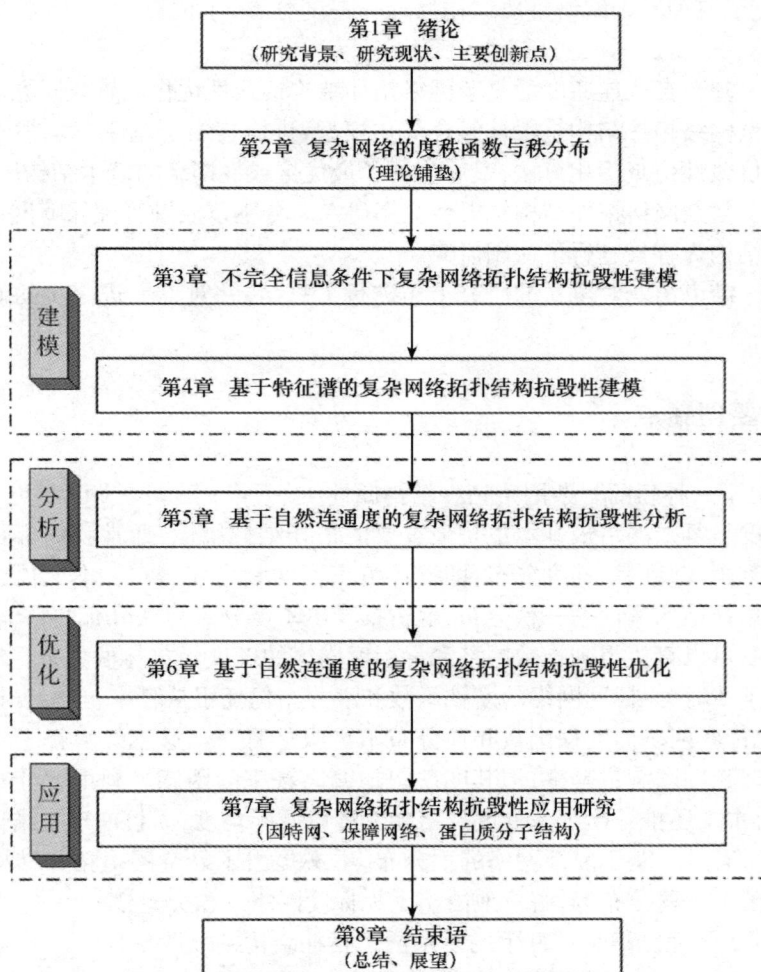

图 1.6　本文组织结构

具有任意度分布广义随机网络的两个重要抗毁性度量参数——巨组元规模以及临界移除比例,最后对一般攻击信息参数组合进行了全面仿真分析。

第 4 章　基于特征谱的复杂网络拓扑结构抗毁性建模。首先介绍了复杂网络特征谱的相关概念及研究进展,以此为基础提出了复杂网络拓扑结构抗毁性的谱测度——自然连通度,证明了其单调性,并且将它和其他测度进行了比较。最后,研究了三类典型网络的自然连通度。

第 5 章　基于自然连通度的复杂网络拓扑结构抗毁性分析。以自然连通度为工具,分别研究了三种复杂网络重要结构属性——度分布、小世界性、度关联性对抗毁性的影响。

第6章　基于自然连通度的复杂网络拓扑结构抗毁性优化。首先建立了基于自然连通度的复杂网络拓扑结构抗毁性组合优化模型,进而提出了基于禁忌搜索的复杂网络拓扑结构抗毁性仿真优化算法,最后分析了最优抗毁性网络的若干结构属性。

第7章　复杂网络拓扑结构抗毁性应用研究。分别以战勤管理保障网络、因特网、蛋白质分子结构为背景进行了应用研究。

第8章　结束语。对全文的研究工作进行了总结,并对论文进一步的研究工作进行了展望。

1.3.3　主要创新点

(1)提出了一种新的复杂网络拓扑结构属性

节点的度是复杂网络最基本也是最重要的拓扑结构属性,通常我们都是通过节点的度分布来刻画复杂网络的度分布,即统计节点度的频率和分布。本文提出了一个新的复杂网络拓扑结构属性——秩分布,解析推导出了度分布与秩分布的数学关系,利用这个数学关系可以直接得到指数网络和无标度网络的度秩函数与秩分布。本文证明当标度指数大于2时,无标度网络的度秩函数和秩分布仍任服从幂率,当标度指数小于或等于2时,无标度网络的度秩函数和秩分布不再服从幂率。这正好解释了学术界关于某些网络虽然频度图满足幂率,但其度秩图却偏离幂率的困惑。利用度分布与秩分布的数学关系,本文还推导出了无标度网络最大度以及平均度,而目前现有结论仅当标度指数大于2时有效。基于复杂网络的秩分布,本文提出了复杂网络拓扑结构非均匀性的一个新测度——秩分布熵,解析地给出了无标度网络的秩分布熵。

(2)研究了不完全信息条件下的复杂网络拓扑结构抗毁性

目前基于统计物理的复杂网络抗毁性研究只考虑随机失效或故意攻击,即两种极端情况:零信息和完全信息。本文将复杂网络攻击信息的获取抽象成无放回的不等概率抽样问题,建立了不完全信息条件下的复杂网络拓扑结构抗毁性模型,网络攻击信息可以通过信息精度参数和信息广度参数调节控制,以前的随机失效及故意攻击是本文模型的两个特例。本文利用概率母函数方法分别解析推导出了任意度分布广义随机网络在随机信息和优先信息条件下的两个重要抗毁性度量参数——临界移除比例和巨组元规模,得到的解析结果可以分析和预测不完全信息条件下复杂网络的抗毁性。以无标度网络为例对一般攻击信息参数组合进行了仿真分析,本文研究发现随机隐藏少量节点信息将大幅度提高复杂网络拓扑结构的抗毁性,获取少量重要节点的信息就可以大幅度降低复杂网络拓扑结构的抗毁性。

（3）提出了复杂网络拓扑结构抗毁性的谱测度方法

本文提出了一个基于邻接矩阵特征谱的复杂网络抗毁性新测度——自然连通度。自然连通度从复杂网络的内部结构属性出发，通过计算网络中不同长度闭环数目的加权和刻画了网络中替代途径的冗余性，可以从网络邻接矩阵的特征谱直接导出，在数学形式上表示为一种特殊形式的平均特征根，因此该测度具有明确的物理意义和简洁的数学形式。本文证明了自然连通度的单调性，解析推导出了三类典型网络的自然连通度，通过比较发现自然连通度具备良好的解析分析能力，能客观刻画复杂网络的抗毁性。

（4）分析了三种重要结构属性对复杂网络拓扑结构抗毁性的影响

本文通过混合择优模型构造不同度分布复杂网络研究了度分布对抗毁性的影响，研究表明在相同条件下，网络度分布越不均匀抗毁性越强。本文从规则环状格子出发，通过保度随机重连和自由随机重连研究了小世界性对抗毁性的影响，研究表明复杂网络的抗毁性与小世界性并不存在必然的相关性：在正则网络中小世界性的增强会减弱网络的抗毁性；在随机网络中，小世界性对抗毁性的影响取决于网络的稀疏程度。本文通过保度同配重连和保度异配重连研究了度关联性对抗毁性的影响，研究表明同配网络比异配网络的抗毁性更强。

（5）提出了基于禁忌搜索的复杂网络拓扑结构抗毁性仿真优化方法

本文建立了以自然连通度为目标函数，以边的数量为约束条件的复杂网络拓扑结构抗毁性组合优化模型，在此基础上提出了基于禁忌搜索的复杂网络拓扑结构抗毁性仿真优化算法，设计了变量编码，定义了移动操作，给出了特赦准则，设置了终止准则，给出了算法流程。此外，本文还分析了最优抗毁性网络的若干结构属性，研究表明最优抗毁性网络的度分布非常不均匀，呈现出明显的同配度关联模式，核心节点之间相互连接紧密形成"富人俱乐部"，度很小的末梢节点倾向于在外围互相连接。

第2章 复杂网络的度秩
函数与秩分布

网络是由节点和边构成的,那么每个节点连接边的数量,即节点的度就自然成为网络最基本的结构属性。对于小规模的简单网络,我们可以直接列出所有节点的度来刻画整个网络中节点度的情况,但对于包含大量节点的复杂网络来说,直接列出"一长串度序列"没有实际意义。这时,我们通常会统计网络中度为某个数值的节点数量或者考虑这样一个随机变量:在网络中随机选择一个节点的度。这个随机变量的概率分布就是度分布。度分布在复杂网络研究中占有非常重要的地位。在本章里,我们首先提出一种与度分布并列的复杂网络拓扑结构属性——秩分布,然后在此基础上提出一种新的拓扑结构非均匀性测度——秩分布熵。本章的相关成果将在后面几章中得到应用,是全文的一个理论铺垫。

2.1 度秩函数与秩分布

2.1.1 度秩函数与秩分布的定义

复杂网络在数学上可以描述成一个图 $G = (V, E)$,其中 $V = \{v_1, v_2, \cdots, v_N\}$ 表示节点集合,$E = \{e_1, e_2, \cdots, e_W\} \subseteq V \times V$ 表示边的集合,$N = |V|$ 表示节点数量,$W = |E|$ 表示边数量。令 d_i 表示节点 v_i 的连接度,假设 G 为简单连通图,则 $0 < d_i < N$。令 $\langle k \rangle = \sum_i d_i / N$ 表示图 G 的平均度,易知 $\langle k \rangle = 2W/N$。令 $F(k)$ 表示图 G 中度为 k 的节点数量,即频率。令 $p(k)$ 表示图 G 的度分布,即随机选择一个节点恰好与其他 k 个节点相连接的概率。显然,当 N 很大时,$F(k)/N \to p(k)$。

如图 2.1 所示,将所有节点按照度从大到小排序,度相同时随机排序,令节点 v_i 的序号为 r_i。我们称 $DS = \{k_1, k_2, \cdots, k_N\}$ 为图 G 的度序列,其中 $k_1 \geqslant k_2 \geqslant \cdots \geqslant k_N$。考虑到

有很多节点的度相等,我们将所有节点按照度分成 $N-1$ 段,相同度的节点属于同一段,即第一段里节点度为 $N-1$,第二段里的节点度为 $N-2$,以此类推。令 v_i 所处的段号为 s_i,则 $s_i = N - d_i$。易知,第 s_i 段里正好有 $l_i = F(N-s_i)$ 个节点。

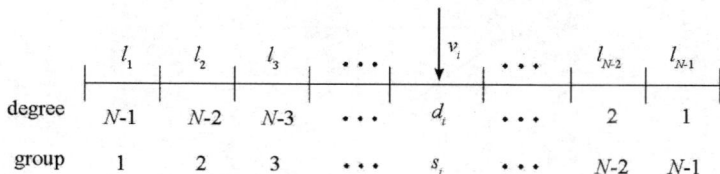

图 2.1　节点的度序列

定义 2.1　我们称节点的度 d 与其序号 r 之间的函数关系 $d = f(r)$ 为图 G 的度秩函数。

这种考察排序与数量之间关系的方法最早源于 Zipf[309]。1949 年,Zipf 在研究英文单词并画出英文单词的频数 f 与其排序 r 时,发现 f 与 r 之间成反比关系 $f \sim r^{-\beta}$,这就是著名的 Zipf 定律。

基于度秩函数,我们可以构造另外一个随机变量。与度分布不同的是,我们不再随机选择一个节点,而是随机选择一条边。我们考察沿随机选择的一条边到达节点的序号 r。显然,$1 \leqslant r \leqslant N$ 是一个随机变量。我们将 r 的概率分布称为秩分布。

定义 2.2　我们称沿随机选择的一条边的任意方向到达节点序号 r 的概率分布 $Q(r)$ 为图 G 的秩分布。

因为沿随机选择的一条边的任意方向到达一个节点 v_i 的概率与该节点的度 d_i 成正比,所以当 N 很大时,有

$$Q(r) \to \frac{d'_r}{\sum_r d'_r} = \frac{f(r)}{\sum_r f(r)} \tag{2.1}$$

又因为 $\sum_r d_r = \sum_r f(r) = 2W = N\langle k \rangle$,所以

$$Q(r) = \frac{f(r)}{2W} = \frac{f(r)}{N\langle k \rangle} \tag{2.2}$$

这样,只要得到度秩函数 $d = f(r)$ 即可得到秩分布,反之亦然。

下面,举例说明度秩函数以及秩分布的概念。如图 2.2 所示,该图中有
$N = 5, W = 6; d_1 = 3, d_1 = 2, d_1 = 4, d_1 = 1, d_1 = 2;$
度序列为 $DS = \{4, 3, 2, 2, 1\}$;
度频率 $F(1) = 1, F(2) = 2, F(3) = 1, F(4) = 1$;
度分布 $p(1) = F(1)/N = 1/5, p(2) = F(2)/N = 2/5, p(3) = F(3)/N = 1/5, p(4)$

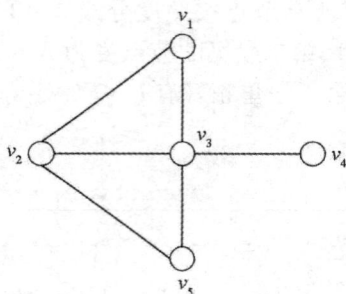

图 2.2　度秩函数与秩分布示例

$= F(4)/N = 1/5$；

度秩函数 $f(1) = 4, f(2) = 3, f(3) = 2, f(4) = 2, f(5) = 1$；

秩分布 $Q(1) = f(1)/(2W) = 1/3, Q(2) = f(2)/(2W) = 1/4, Q(3) = f(3)/(2W) = 1/6, Q(4) = f(4)/(2W) = 1/6, Q(5) = f(5)/(2W) = 1/12$。

2.1.2　度分布与秩分布的数学关系

下面,我们推导秩分布与度分布的数学关系。由于秩分布可由度秩函数导出,所以我们只需推导度秩函数与度分布的数学关系。

假设图 G 的度分布连续可积且最小度为 m。因为节点 v_i 处于第 s_i 段,则有

$$\sum_{s=m}^{s_i} l_s \geqslant r_i \tag{2.3}$$

并且

$$\sum_{s=m}^{s_i-1} l_s \leqslant r_i \tag{2.4}$$

即 s_i 是使得

$$\sum_{s=m}^{T} l_s \geqslant r_i \tag{2.5}$$

成立的最小 T 值。根据度分布的定义,易知

$$l_s = F(N-s) = Np(N-s) \tag{2.6}$$

将(2.6)式代入(2.5)式,得

$$s_i = T_{\min} \left\{ \sum_{s=m}^{T} p(N-s) \geqslant r_i/N \right\} \tag{2.7}$$

又因为 $d_i = N - s_i$,所以

$$d_i = N - s_i = N - T_{\min}\{\sum_{s=m}^{T} p(N-s) \geqslant r_i/N\} \tag{2.8}$$

假设 $p(k)$ 连续可积,当网络的节点数 N 很大时,我们可以将(2.8)式连续化,即

$$d_i = N - T_{\min}\{\sum_{s=m}^{T} p(N-s) \geqslant r_i/N\}$$

$$= N - T_{\min}\{\int_m^T p(N-s)\,\mathrm{d}s \geqslant r_i/N\} \tag{2.9}$$

又因为 $p(N-s) \geqslant 0$,所以 $\int_m^T p(N-s)\,\mathrm{d}s$ 关于 T 单调递增,所以

$$\int_m^{T_{\min}} p(N-s)\,\mathrm{d}s = r_i/N \tag{2.10}$$

从而(2.9)式可写为

$$d_i = f(r_i) = N - T^* \tag{2.11}$$

其中 T^* 是方程

$$\int_m^{T^*} p(N-s)\,\mathrm{d}s = r_i/N \tag{2.12}$$

的解。于是,我们可以得到如下两个定理。

定理 2.1　若图 G 的度分布为 $p(k)(k \geqslant m)$ 且 $p(k)$ 连续可积,则图 G 的度秩函数为 $d = f(r) = N - T^*(r)$,其中 $T^*(r)$ 是方程 $\int_m^{T^*} p(N-s)\,\mathrm{d}s = r/N$ 的解。

定理 2.2　若图 G 的度分布为 $p(k)(k \geqslant m)$ 且 $p(k)$ 连续可积,则图 G 的秩分布为 $Q(r) = \dfrac{N - T^*(r)}{2W}$,其中 $T^*(r)$ 是方程 $\int_m^{T^*} p(N-s)\,\mathrm{d}s = r/N$ 的解,$W = \dfrac{N}{2}\int_k kp(k)\,\mathrm{d}k$。

反之,若已知图 G 的度秩函数 $d = f(r)$,将其代入(2.11)式可得

$$T^* = N - f(r) \tag{2.13}$$

再将(2.13)式代入(2.12)式可得

$$\int_m^{N-f(r)} p(N-s)\,\mathrm{d}s = r/N \tag{2.14}$$

令 $k = N - s$,整理得

$$\int_{f(r)}^{N-m} p(k)\,\mathrm{d}k = r/N \tag{2.15}$$

假设 $d = f(r)$ 可微,(2.15)式两边分别对 r 取微分,我们得到

$$p(d) = -\frac{1}{Nd'} \tag{2.16}$$

其中,d' 表示 $d = f(r)$ 对 r 的导数。因此,我们可以得到如下两个定理。

定理 2.3　若图 G 的度秩函数为 $d = f(r)$ 且 $f(r)$ 连续可微,则图 G 的度分布为

$$p(d) = -\frac{1}{Nd'}。$$

定理 2.4 若图 G 的秩分布为 $Q(r)$ 且 $Q(r)$ 连续可微,则图 G 的度分布为 $p(d) = -\frac{1}{Nd'}$,其中 $d = f(r) = 2WQ(r)$。

2.1.3 无标度网络的度秩函数与秩分布

本小节中,我们将利用度分布与秩分布的数学关系推导无标度网络的度秩函数与秩分布。假设无标度网络的度分布为

$$p(k) = Ck^{-\gamma} \tag{2.17}$$

其中 $C > 0, \gamma > 1, m \leqslant k \leqslant M$。由度分布的归一性可得

$$1 = \int_m^M p(k)\mathrm{d}k = \int_m^M Ck^{-\gamma}\mathrm{d}k = \frac{C}{\gamma - 1}(m^{1-\gamma} - M^{1-\gamma}) \tag{2.18}$$

由(2.18)式可得

$$C = \frac{\gamma - 1}{m^{-\gamma+1} - M^{-\gamma+1}} \tag{2.19}$$

将(2.17)式代入(2.12)式得

$$\int_m^{T^*} C(N - s)^{-\gamma}\mathrm{d}s = r/N \tag{2.20}$$

解方程得

$$T^*(r) = N - \left[\frac{1-\gamma}{NC} \cdot r + (N - m)^{1-\gamma}\right]^{\frac{1}{1-\lambda}} \tag{2.21}$$

将(2.21)式代入(2.11)式可得

$$d = f(r) = \left[\frac{\gamma - 1}{NC} \cdot r + (N - m)^{1-\gamma}\right]^{\frac{1}{1-\gamma}}$$

$$= \left(\frac{\gamma - 1}{NC}\right)^{\frac{1}{1-\gamma}}\left[r + \frac{CN(N - m)^{1-\gamma}}{\gamma - 1}\right]^{\frac{1}{1-\gamma}} \tag{2.22}$$

将(2.19)式代入(2.22)式,整理得无标度网络的度秩函数:

$$d = f(r) = C'(r + \Delta)^{-\alpha} \tag{2.23}$$

其中

$$C' = \left(\frac{m^{-\gamma+1} - M^{-\gamma+1}}{N}\right)^{-\alpha} \tag{2.24}$$

$$\Delta = \frac{N(N - m)^{-\gamma+1}}{m^{-\gamma+1} - M^{-\gamma+1}} \tag{2.25}$$

$$\alpha = \frac{1}{\gamma - 1} \tag{2.26}$$

最大度 M 和平均度 $\langle k \rangle$ 是无标度网络的两个重要性质,在很多研究领域中具有重要地位,如网络搜索[216]、病毒传播[205]。网络中节点的最大度一般依赖于网络中节点数 N,Aiello 等[57]假设最大度近似等于一个值,在此值上,平均来说网络中具有此度值的顶点个数少于 1,也即此值满足 $Np(k) = 1$,从而他们得到无标度网络的最大度 $M \sim N^{1/\gamma}$。然而,这一假设得出的结果并不准确。很多情况下,网络中存在有节点,其度数要远大于此值[216]。之后,Cohen 等[290]由一个简单的法则,即最大度满足 $NP(k) = 1$(P(k) 为累积度分布),导出最大度 $M \approx mN^{1/(\gamma-1)}$。Newman[46, 310]通过更为严谨的数学推导也得出了相同结果。Dorogovtsev 等[311]的研究表明,$M \approx mN^{1/(\gamma-1)}$ 对于 BA 模型网络同样成立。但很显然,当 $\gamma \leqslant 2$ 时,$M \approx mN^{1/(\gamma-1)} > N$,因此上述研究成果得到的最大度估计值 $M \approx mN^{1/(\gamma-1)}$ 只在标度指数 $\gamma > 2$ 时有效。关于无标度网络平均度,Newman 等[310]利用 $\langle k \rangle = \int_m^\infty kp(k)\,\mathrm{d}k$ 来计算无标度网络的平均度,并由此得出了当 $\gamma \leqslant 2$ 时 $\langle k \rangle \to \infty$ 的结论。显然,这种计算方法隐含着假设 $M \to \infty$,这必然导致结论的不精确。下面我们利用度秩函数精确推导无标度网络的最大度和平均度。

由度秩函数的定义,最大度 M 可由下式估计得出:

$$M = f(1) = C'(1 + \Delta)^{-\alpha} = \left[\frac{m^{-\gamma+1} - M^{-\gamma+1}}{N} + (N - m)^{-\gamma+1} \right]^{\frac{1}{\gamma-1}} \tag{2.27}$$

解(2.27)式可得

$$M = \left[\frac{m^{-\gamma+1}}{N+1} + \frac{N(N-m)^{-\gamma+1}}{N+1} \right]^{\frac{1}{-\gamma+1}} \tag{2.28}$$

当网络的节点数 N 很大时,$N - 1 \approx N \approx N + 1 \approx N - m$,所以(2.28)式约简为

$$M \approx N^{\frac{1}{\gamma-1}} [m^{-\lambda+1} + N^{-\gamma+2}]^{\frac{1}{-\gamma+1}} \tag{2.29}$$

当网络的节点数 N 很大时,我们可以通过积分得到无标度网络的平均度为

$$\langle k \rangle = \int_m^M kp(k)\,\mathrm{d}k = \int_m^M kCk^{-\gamma}\,\mathrm{d}k = C\int_m^M k^{-\gamma+1}\,\mathrm{d}k \tag{2.30}$$

(1)当 $\lambda > 2$ 时,(2.30)式可化简为

$$\langle k \rangle = C\int_m^M k^{-\gamma+1}\,\mathrm{d}k = \frac{\gamma - 1}{\gamma - 2} \cdot \frac{m^{-\gamma+2} - M^{-\gamma+2}}{m^{-\gamma+1} - M^{-\gamma+1}} \tag{2.31}$$

又因为 $\lambda > 2$,所以当 N 很大时,(2.29)式中 $N^{-\gamma+2}$ 趋近于 0,由此(2.29)式可约简为

$$M \approx mN^{\frac{1}{\gamma-1}} \tag{2.32}$$

这与文献[46,290, 310]的结果一致。

将(2.32)式代入(2.31)式,得

$$\langle k \rangle = m \cdot \frac{\gamma - 1}{\gamma - 2} \cdot \frac{1 - N^{\frac{-\gamma+2}{\gamma-1}}}{1 - N^{-1}} \approx m \cdot \frac{\gamma - 1}{\gamma - 2} \tag{2.33}$$

(2) 当 $\gamma = 2$ 时,(2.30)式可化简为

$$\langle k \rangle = C \int_m^M k^{-1} dk = \frac{1}{m^{-1} - M^{-1}} \cdot (\ln M - \ln m) \tag{2.34}$$

将 $\gamma = 2$ 代入(2.29)式,得

$$M = \frac{m}{m + 1} N \tag{2.35}$$

将(2.35)式代入(2.34)式,得

$$\langle k \rangle = \frac{Nm}{N - m - 1} (\ln N - \ln(m + 1)) \tag{2.36}$$

当 $N \gg m$ 时,(2.36)式可约简为

$$\langle k \rangle \approx m \ln N \tag{2.37}$$

(3) 当 $1 < \gamma < 2$ 时,(2.30)式可化简为

$$\langle k \rangle = C \int_m^M k^{-\gamma+1} dk = \frac{\gamma - 1}{\gamma - 2} \cdot \frac{m^{-\gamma+2} - M^{-\gamma+2}}{m^{-\gamma+1} - M^{-\gamma+1}} \tag{2.38}$$

因为 $1 < \gamma < 2$,所以当 $N \gg m$ 时,(2.29)式中 $N^{-\gamma+2} \gg m^{-\gamma+1}$,由此(2.29)式可约简为

$$M \approx N \tag{2.39}$$

将(2.39)式代入(2.38)式,得

$$\langle k \rangle = \frac{\gamma - 1}{\lambda - 2} \cdot \frac{m^{-\gamma+2} - N^{-\gamma+2}}{m^{-\gamma+1} - N^{-\gamma+1}} \tag{2.40}$$

因为 $1 < \gamma < 2$,当 $N \gg m$ 时,$N^{-\gamma+2} \gg m^{-\gamma+2}$,$m^{-\gamma+1} \gg N^{-\gamma+1}$,因此(2.40)式又可约简为

$$\langle k \rangle \approx \frac{\gamma - 1}{2 - \gamma} m^{\gamma-1} N^{2-\gamma} \tag{2.41}$$

由上面的分析可以看出,当 $\gamma > 2$ 时,最大度 M 随 N 幂律增长,平均度 $\langle k \rangle$ 不随 N 增长,只与最小度 m 和标度指数 γ 有关;当 $\gamma = 2$ 时,最大度 M 随 N 线性增长,平均度 $\langle k \rangle$ 随 N 呈对数增长;当 $1 < \gamma < 2$ 时,最大度 $M \approx N$,平均度 $\langle k \rangle$ 随 N 幂律增长。

我们将得到的不同条件下最大度 M 分别代入(2.23)式。

(1)当 $\gamma > 2$ 时,有

$$C' = m \left(\frac{1 - N^{-1}}{N} \right)^{-\alpha} \approx m N^{\alpha} \tag{2.42}$$

$$\Delta = m^{\gamma-1} \frac{N(N - m)^{-\gamma+1}}{1 - N^{-1}} \approx m^{\gamma-1} N^{-\gamma+2} \tag{2.43}$$

因为 $\gamma > 2$，所以当 $N \to \infty$ 时，有

$$\Delta \approx m^{\gamma-1} N^{-\gamma+2} \to 0 \tag{2.44}$$

从而

$$d = f(r) \approx m N^{\alpha} r^{-\alpha} \tag{2.45}$$

将 (2.45) 以及 (2.32) 式代入 (2.2) 式得

$$Q(r) \approx \frac{\gamma-2}{\gamma-1} N^{\alpha-1} r^{-\alpha} \tag{2.46}$$

这表示当 $\gamma > 2$ 时无标度网络的度秩函数和秩分布仍然满足幂律。

（2）当 $\gamma = 2$ 时，有

$$C' = m\left(\frac{N^2}{N-m-1}\right) \approx mN \tag{2.47}$$

$$\Delta = \frac{mN^2}{(N-m-1)(N-m)} \approx m \tag{2.48}$$

从而

$$d = f(r) \approx mN(r+m)^{-1} \tag{2.49}$$

将 (2.49) 以及 (2.37) 式代入 (2.2) 式得

$$Q(r) \approx \frac{(r+m)^{-1}}{\ln N} \tag{2.50}$$

这表明当 $\gamma = 2$ 时无标度网络的度秩函数和秩分布将不再满足幂律。

（3）当 $1 < \gamma < 2$ 时，有

$$C' = \left(\frac{m^{-\gamma+1} - N^{-\gamma+1}}{N}\right)^{-\alpha} \approx mN^{\alpha} \tag{2.51}$$

$$\Delta = \frac{N(N-m)^{-\gamma+1}}{m^{-\gamma+1} - N^{-\gamma+1}} \approx m^{\gamma-1} N^{-\gamma+2} \tag{2.52}$$

因为 $1 < \gamma < 2$，所以当 N 很大时 Δ 不能忽略。

$$d = f(r) \approx mN^{\alpha}(r + m^{\gamma-1} N^{-\gamma+2})^{-\alpha} \tag{2.53}$$

将 (2.53) 以及 (2.41) 式代入 (2.2) 式得

$$Q(r) \approx \frac{\gamma-1}{2-\gamma} m^{2-\gamma} N^{\gamma-3+\alpha} (r + m^{\gamma-1} N^{-\gamma+2})^{-\alpha} \tag{2.54}$$

这表明当 $1 < \gamma < 2$ 时无标度网络的度秩函数和秩分布将不再满足幂律。

以前，学术界常用累计度分布来推导节点的度与其排序之间的关系[312]。所谓"累积度分布（cumulative degree distribution）"指随机选择一个节点的度不小于 k 的概率 $P(k)$，即

$$P(k) = \int_k^{\infty} p(k)\,\mathrm{d}k \tag{2.55}$$

若一个随机变量的累积度分布满足幂律,有时也被称为"帕累托分布(Pareto distribution)"。利用累积度分布,我们可以得到度秩函数的反函数:

$$r = f^{-1}(d) = NP(d) \tag{2.56}$$

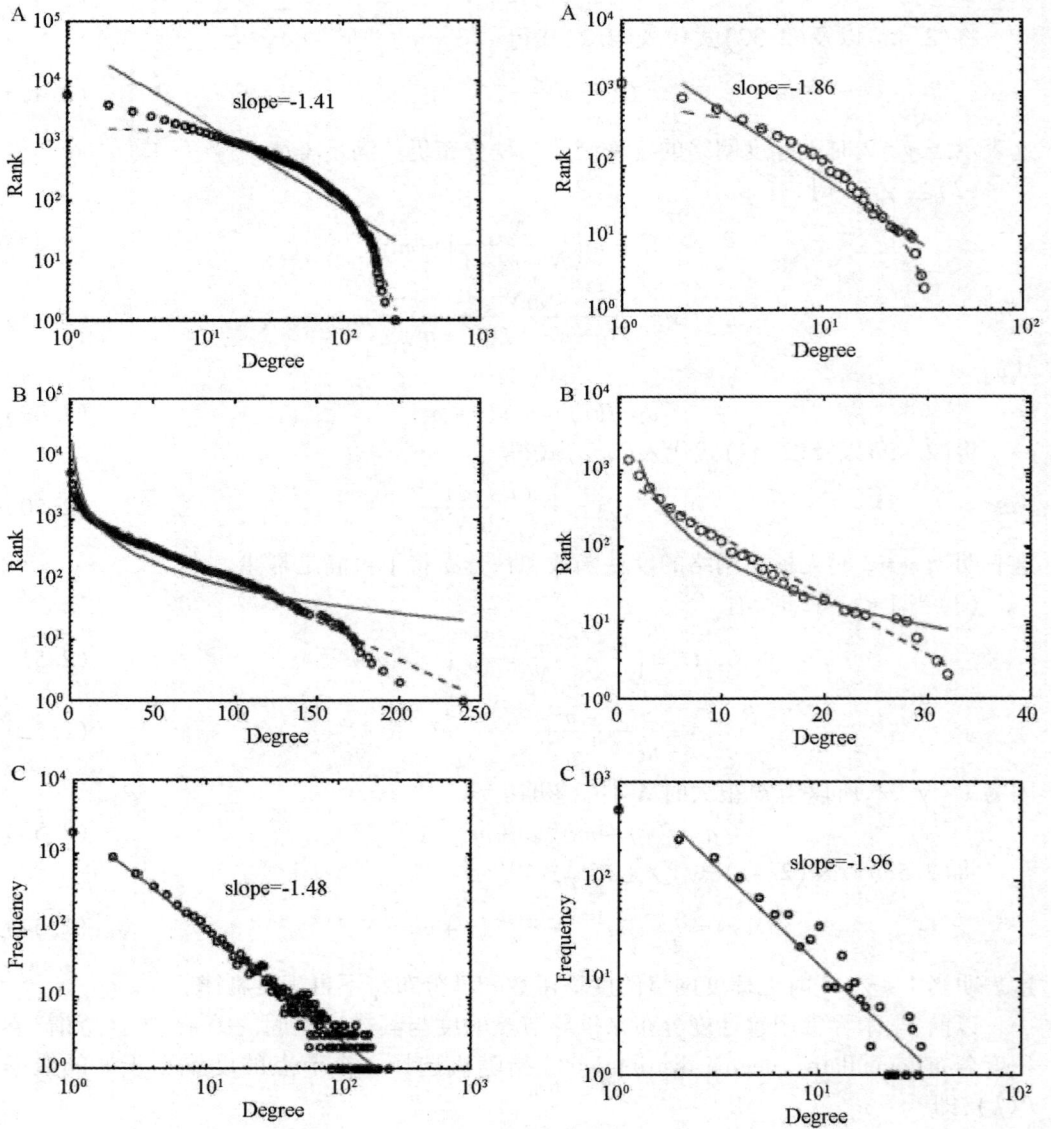

图 2.3　两种蛋白质相互作用网络的度频图与度秩图

进而得到度秩函数。当度分布服从幂律时,由(2.55)式和(2.56)式我们可以推得度秩函数也服从幂律,即幂律度分布与幂律度秩函数等价。但问题在于(2.55)式隐含假设$M \to \infty$。我们前面的分析显示,当标度指数$\gamma > 2$时这种假设没有影响,但当标度指数$1 < \gamma < 2$时,幂律度分布与幂律度秩函数不再等价。

　　度分布可用度频图(frequency-degree plots)来展现,度秩函数可用度秩图(rank-degree plots)来展现。若度分布或度秩函数服从幂律,则度频图或度秩图在双对数坐标下呈一条直线。2005 年,Tanaka 等[313]在国际权威期刊 FEBS Letter 上发表论文揭示某两种蛋白质相互作用网络的度频图呈直线(标度指数分别为 1.48 和 1.96),但其度秩图却偏离直线,呈现出指数分布特征,如图 2.3 所示,其中 A 为双对数坐标下的度秩图,B 为半对数坐标下的度秩图,C 为双对数坐标下的度频图,实线表示基于幂律度分布的最小方差拟合,虚线表示基于指数度分布的最小方差拟合,左右图分别对应两种蛋白质。Tanaka 等把这种"矛盾"归结于度分布的误差,即认为通过度频图展现的度分布是不可靠的,而通过度秩图展现的秩统计是可靠的,为此 Tanaka 等提供了两个数值实验作为佐证(我们重做了文中的两个数值实验,发现这两个实验的结论是不准确的[314])。最后,他们得出结论认为那两种蛋白质相互作用网络不是无标度的。

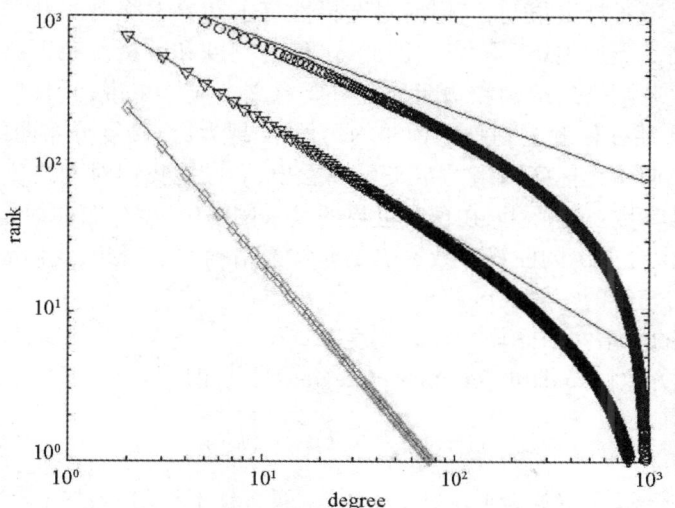

图 2.4　无标度网络的度秩图

　　实际上,我们前面的分析可以很好地解释文献[313]中出现的所谓"矛盾"。问题的关键不在于度分布的误差,而在于两种蛋白质相互作用网络的标度指数都小于 2。在图 2.4 中,我们利用(2.45)、(2.53)式分别给出了$\gamma = 2.5$(菱形)、$\gamma = 1.96$(三角)、γ

= 1.41(圆圈)时无标度网络的度秩图(双对数坐标),其中 $N = 1000$,$C = 1$。很明显,当 $\gamma = 2.5 > 2$ 时,度秩图呈直线;当 $\gamma = 1.96 < 2$ 或 $\gamma = 1.41 < 2$ 时,度秩图明显偏离直线。这从根本上解释了大家的困惑。

2.2 秩分布熵

2.2.1 复杂网络的非均匀性测度

在具有幂律度分布的无标度网络中,大多数节点的度很小,但同时存在少量节点度很大的核心节点(hub vertex)。这表明无标度网络是"非均匀的(heterogenous)"。在具有泊松度分布的随机网络中大多数节点的度都集中在平均度附近,不可能出现度很大的节点,也不可能出现度很小的节点。这表明随机网络是"均匀的(homogeneous)"。这种拓扑结构的非均匀性对复杂网络的很多结构属性和动力学行为都有影响。例如,无标度网络面对随机打击很健壮,但面对选择性打击却异常脆弱[283];非均匀性使得无标度网络上的同步更加困难[315-316]。因此,定量的测度和分析复杂网络拓扑结构的非均匀性对研究复杂网络的结构和功能具有重要意义。应该来说,无标度网络度分布中的参数 γ 可以从某种程度上刻画这种非均匀性,γ 越大,连接度分布曲线下降越快,网络越均匀。但我们从无标度网络的定义可以看出,γ 只是我们对网络度分布曲线进行拟合的一个估计参数。实际上,在现实世界的复杂网络中,度分布曲线是一条相当不规则的曲线,通过拟合得出的曲线参数 γ 也是非常不精确的。因此,我们需要刻画复杂网络拓扑结构非均匀性的一般测度。

目前,主要的复杂网络非均匀性的测度有:

(1)度的均方差(standard deviation of degree)[317],即

$$\sigma = \sqrt{\frac{1}{N} \sum_i (d_i - \langle k \rangle)^2} \tag{2.57}$$

其中 d_i 为节点 v_i 的度,$\langle k \rangle$ 为平均度。σ 越大,网络越不均匀。

(2)度分布熵(degree distribution entropy)[318],即

$$E_p = - \sum_{k=1}^{N-1} p(k) \ln p(k) \tag{2.58}$$

其中 $p(k)$ 为度分布。当 $d_1 = d_2 = \cdots = d_N = k_0$ 即 $p(k_0) = 1$ 时,E_p 取最小值0;当 $p(1) = p(2) = \cdots = p(N-1) = 1/(N-1)$ 时,E_p 取最大值 $\log(N-1)$。因此,归一化的度

分布熵定义为

$$NE_p = \frac{E_p}{\ln(N-1)} \tag{2.59}$$

NE_p 越大,网络越不均匀。

(3)剩余度分布熵(remaining degree distribution entropy)[319],即

$$E_q = -\sum_{k=0}^{N-2} q(k)\ln q(k) \tag{2.60}$$

其中 $q(k) = p(k-1)$ 为剩余度分布[145]。与度分布熵一样,当 $d_1 = d_2 = \cdots = d_N = k_0$ 即 $q(k_0-1) = 1$ 时,E_q 取最小值0;当 $q(0) = q(1) = \cdots = q(N-2) = 1/(N-1)$ 时,E_q 取最大值 $\log(N-1)$。因此,归一化的剩余度分布熵定义为

$$NE_q = \frac{E_{rdd}}{\ln(N-1)} \tag{2.61}$$

NE_q 越大,网络越不均匀。

(4)基尼系数(gini coefficient)[320-321],即

$$GC = 1 - \frac{1}{N}\sum_{i=1}^{N}\left(2\sum_{k=1}^{i} w_k - w_i\right) \tag{2.62}$$

其中 $w_i = d_i / \sum_r d_r, d_1 \leqslant d_2 \leqslant \cdots d_N$。$GC$ 越大,网络越不均匀。

在下一节中,我们将定义一种基于秩分布的非均匀性测度并将它与上述指标相比较。

2.2.2 秩分布熵的定义

由秩分布的定义可知,秩分布刻画了沿随机选择的一条边到达的节点序号。如果网络拓扑结构很均匀,那么我们沿随机选择的一条边到达节点的序号也应该也是均匀分布的,反之如果网络拓扑结构不均匀,那么我们沿随机选择的一条边更容易到达节点序号靠前即度很大的节点。考虑到熵是刻画复杂系统无序的一种量度[322],我们定义秩分布的熵来测度复杂网络拓扑结构的非均匀性。

定义 2.3 我们将

$$E_Q = -\sum_{r=1}^{N} Q(r)\ln Q(r) \tag{2.63}$$

称为图 G 的秩分布熵,其中 $Q(r)$ 为图 G 的秩分布。

将(2.2)式代入(2.63)式,得

$$E_Q = \ln\left(\sum_r d_r\right) - \frac{\sum_r (d_r \ln d_r)}{\sum_r d_r} \tag{2.64}$$

从(2.64)式可以看出,只要给定节点的度序列,秩分布熵很容易计算。

易知,当 $d_1 = d_2 = \cdots = d_N = k_0$ 即 $Q(r) = 1/N$ 时,E_Q 取最大值 $\ln N$;当 $d'_1 = N-1$, $d'_2 = \cdots = d'_N = 1$,即 $Q(1) = 1/2$,$Q(2) = \cdots = Q(N) = 1/[2(N-1)]$ 星型网络时,E_Q 取最小值 $\ln[4(N-1)]/2$。

定义 2.4 我们将

$$NE_Q = \frac{\ln[4(N-1)]/2 - E_Q}{\ln[4(N-1)]/2 - \ln N} \tag{2.65}$$

称为图 G 的标准秩分布熵,其中 E_q 为图 G 的秩分布熵。

显然,NE_q 越大,网络越不均匀。为了比较秩分布熵和其他非均匀性测度,我们考虑如下四个网络:

(1)规则环状格子(参见 1.2.1.3 节),其中 $N = 1000$,$K = 4$;

(2)随机网络(参见 1.2.1.3 节),其中 $N = 1000$,$p = 0.2$;

(3)星型网络,其中 $N = 1000$;

(4)广义随机无标度网络(参见 1.2.1.3 节),其中 $N = 1000$,$\gamma = 2.3$,$\langle k \rangle = 4$。

计算结果如表 2.1 所示,其中关于随机网络和无标度网络的结果均为 100 次实验的平均值。

表 2.1 不同非均匀性指标计算结果比较

网络类型	σ	NE_p	NE_q	GC	NE_Q
规则环状格子	0	0	0	0	0
随机网络	12.6	0.5662	0.5661	0.0356	0.0007
星型网络	31.544	0.0011	0.1004	0.499	1
无标度网络	10.156	0.2825	0.4694	0.5557	0.2945

从表 2.1 可以看出,如果用度的均方差来测度,非均匀性从大到小排序为:星型网络＞随机网络＞无标度网络＞规则环状格子;如果用度分布熵或剩余度分布熵来测度,非均匀性从大到小排序为:随机网络＞无标度网络＞星型网络＞规则环状格子;如果用基尼系数来测度,非均匀性从大到小排序为:无标度网络＞星型网络＞随机网络＞规则环状格子;如果用秩分布熵来测度,非均匀性从大到小排序为:星型网络＞无标度网络＞随机网络＞规则环状格子。很显然,度的均方差、度分布熵和剩余度分布熵不能很好

地测度复杂网络的非均匀性,因为我们一般认为随机网络比无标度网络更加均匀。基尼系数与秩分布熵的差别在于,秩分布熵认为星型网络很不均匀,但基尼系数认为星型网络比无标度均匀。但从直观上看,星型网络的中心节点具有大量边而其他外围节点只有一条边,一旦中心节点失效整个网络就完全崩溃,网络的结构非常不均匀。因此,在复杂网络抗毁性研究背景下,秩分布熵比基尼系数更加客观。

2.2.3　无标度网络的秩分布熵

下面,我们推导无标度网络的秩分布熵。

当网络的节点数目 N 很大时,我们可以将(2.63)式连续化,得

$$E_Q = -\int_1^N Q(r)\ln Q(r)\,\mathrm{d}r \tag{2.66}$$

(1)当 $\gamma > 2$ 时,将(2.46)式代入(2.66)式,得

$$E_Q = \frac{\alpha \cdot N^{1-\alpha} \cdot \ln N^{1-\alpha}}{(1-\alpha)(N^{1-\alpha}-1)} + \ln\left(\frac{N^{1-\alpha}-1}{1-\alpha}\right) - \frac{\alpha}{1-\alpha} \tag{2.67}$$

其中 $\alpha = 1/(\gamma-1)$。

(2)当 $\gamma = 2$ 时,将(2.50)式代入(2.66)式,得

$$E_Q = \frac{1}{2}\ln AB + \ln(\ln B - \ln A) + \frac{1}{\alpha}\ln C' \tag{2.68}$$

其中 $A = C'^{-1}(1+\Delta)$,$B = C'^{-1}(N+\Delta)$,$C' = mN$,$\Delta = m$。

(3)当 $1 < \gamma < 2$ 时,将(2.54)式代入(2.66)式,得

$$E_Q = \frac{\alpha(B^{1-\alpha}\ln B - A^{1-\alpha}\ln A)}{B^{1-\alpha} - A^{1-\alpha}} - \frac{\alpha}{1-\alpha} + \ln(B^{1-\alpha} - A^{1-\alpha}) + \frac{1}{\alpha}\ln C' - \ln(1-\alpha) \tag{2.69}$$

其中 $A = C'^{-1/\alpha}(1+\Delta)$,$B = C'^{-1/\alpha}(N+\Delta)$,$C' = mN^{-\alpha}$,$\Delta = N^{-\gamma+2}m^{\gamma-1}$,$\alpha = 1/(\gamma-1)$。

将秩分布熵 E_Q 代入(2.65)式,即得到无标度网络的标准秩分布熵 NE_Q,它是关于标度指数 γ、最小度 m、节点数量 N 的函数。图 2.5 给出了 $N = 20000$ 时,NE_Q 与 γ、m 的三维关系图。图 2.6 给出了 $m = 2$ 时,不同节点数目的无标度网络中标准秩分布熵 NE_Q 与标度指数 γ 的关系。从图 2.6 可以看出,当 $\gamma > 2$ 时,不同节点数目的曲线几乎完全重合,这表明当 $\gamma > 2$ 且 N 很大时,NE_Q 与 N 无关。图 2.7 给出了 $N = 20000$ 时,不同 m 的无标度网络中 NE_Q 与 γ 的关系。从图 2.7 可以看出,当 $\gamma > 2$ 时,不同 m 的曲线几乎完全重合,这表明当 $\gamma > 2$ 且 N 很大时,NE_Q 与 m 无关。由图 2.5、图 2.6、图 2.7 还可以看出,在给定 N 和 m 条件下,NE_Q 在标度指数等于 1.7 附近存在一个峰值,即此时网络最不均匀。当标度指数超过这个峰值后,NE_Q 随 γ 单调递减,即标度指数越大

网络越均匀。

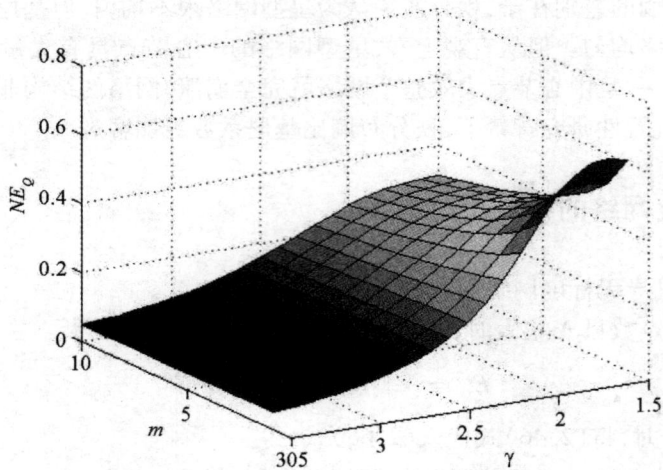

图 2.5   标准秩分布熵与标度指数、最小度的三维关系图

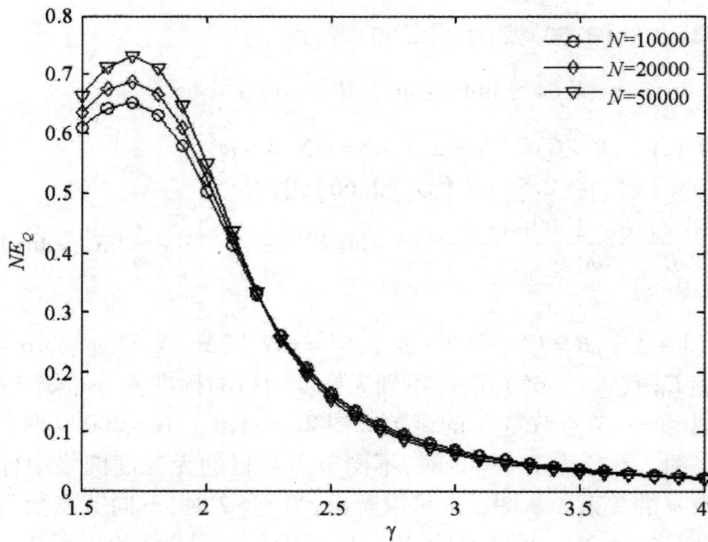

图 2.6   不同节点数量无标度网络中标准秩分布熵与标度指数的关系

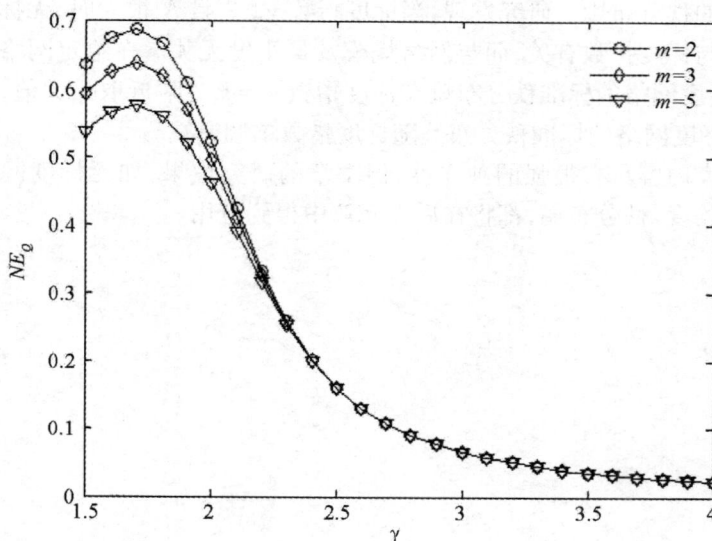

图 2.7　不同最小度无标度网络中标准秩分布熵与标度指数的关系

2.3　本章小结

本章主要研究了一种新的复杂网络拓扑结构属性——秩分布。其主要工作包括：

（1）给出了度秩函数、秩分布的定义，严格推导了秩分布与度分布的数学关系。

（2）利用秩分布与度分布的数学关系推导出了无标度网络的度秩函数与秩分布，研究表明，当 $\gamma > 2$ 时，无标度网络的度秩函数和秩分布仍然满足幂律，但当标度指数 $1 < \gamma \leqslant 2$ 时，幂律度分布与幂律度秩函数不再等价。这从根本上解释了现实世界中某些网络度分布满足幂律，但度秩函数却偏离幂律的困惑。

（3）解析给出了标度指数 $\gamma > 1$ 时的最大度与平均度，而以前的解析结果仅当 $\gamma > 2$ 时有效。本章研究发现，当标度指数 $\gamma > 2$ 时，最大度 M 随 N 幂率增长，即 $M \approx mN^{1/(\gamma-1)}$，平均度 $\langle k \rangle$ 不随 N 增长，只与最小度 m 和标度指数 γ 有关，即 $\langle k \rangle \approx m(\gamma-1)/(\gamma-2)$；当标度指数 $\gamma = 2$ 时，最大度 M 随 N 线性增长，即 $M \approx m/(m+1)N$，平均度 $\langle k \rangle$ 随 N 呈对数增长，即 $\langle k \rangle \approx m \ln N$；当标度指数 $1 < \lambda < 2$ 时，最大度 $M \approx N$，平均度 $\langle k \rangle$ 随 N 幂率增长，即 $\langle k \rangle \approx (\gamma-1)/(2-\gamma)m^{\gamma-1}N^{2-\gamma}$。

（4）提出了一种新的复杂网络拓扑结构非均匀性测度——秩分布熵，解析地给出了无标度网络的秩分布熵。研究发现,当标度指数 $\gamma > 2$ 且 N 很大时,无标度网络的标准秩分布熵仅与标度指数有关,而与网络规模及最小度无关。在给定网络规模及最小度条件下,无标度网络的标准秩分布熵在标度指数 $\gamma \approx 1.7$ 附近取最大值,当标度指数 $\gamma > 1.7$ 时,无标度网络的标准秩分布熵随标度指数单调递减。

　　本章的研究内容具有很强的独立性,但本章的研究成果,如无标度网络的度秩函数、最大度、平均度,秩分布熵,都将在后面几章中得到应用。

第3章 不完全信息条件下复杂网络拓扑结构抗毁性建模

第 1 章分别详细介绍了基于图论和统计物理的网络抗毁性研究现状。这两种理论方法的区别在于,前者关注的是"最坏情况下的抗毁性",后者关注的是"特定攻击模式下的抗毁性";前者通过求极值来刻画网络的抗毁性的,后者通过求临界值来刻画网络的抗毁性;前者追求确定性的精确性质,后者追求概率性的统计性质。但总的来说,基于图论的网络抗毁性研究更加适合小规模简单网络,基于统计物理的网络抗毁性研究更加适合大规模复杂网络。

基于统计物理的网络抗毁性研究自从 1999 年 Albert 等在《Nature》上发表经典论文[283]以来吸引了广泛关注,该论文在不到 10 年时间里已经被引用超过了 2000 次。但正如第 1 章所指出的,目前大部分的研究工作都未能跳出 Albert 等原始工作的研究框架,即研究不同网络在随机失效或者故意攻击下的抗毁性。所谓随机失效和故意攻击,从攻击信息角度来看,就是零信息攻击和完全信息攻击。当对网络结构"一无所知"时,只能随机地攻击网络中的节点;当能够获取整个网络结构信息时,则按照某种重要度准则优先选择攻击那些重要的节点。显然,在现实世界的复杂网络中,随机失效和故意攻击只是两种极端情况。大多数情况既不是零信息攻击,也不可能是完全信息攻击,我们面临更多的情况是不完全信息攻击,即部分信息已知,部分信息未知。

本章将深入分析不完全信息条件下的复杂网络抗毁性。首先,将复杂网络攻击信息获取抽象成无放回的不等概率抽样问题建立不完全信息条件下的复杂网络抗毁性模型;其次解析推导具有任意度分布广义随机网络的两个重要抗毁性测度指标:临界移除比例和巨组元规模;最后对不完全信息条件下的复杂网络抗毁性进行全面仿真分析。

3.1 不完全信息条件下复杂网络拓扑结构抗毁性模型

建立不完全信息条件下的复杂网络抗毁性模型需要解决两个问题:(1)度量攻击信息;(2)定义攻击模式。

3.1.1　攻击信息

　　攻击信息的度量是不完全信息条件下复杂网络抗毁性建模分析的前提和基础。假设我们要攻击网络中的 Nf 个节点,其中 f 表示节点移除比例。当我们不能获取网络的任何信息时,我们只能在网络中随机的攻击 Nf 个节点,这就是前面提到的随机失效。但如果我们能获取网络的全部信息时,那我们则会按照节点的重要程度的大小排序选择性地攻击 Nf 个节点,这就是前面提到的故意攻击。因此,我们考虑将节点的重要度作为网络的攻击信息。目前,关于节点重要度的评估有很多方法,但最简单也是使用最广泛的节点重要度指标就是节点的度。

　　复杂网络在数学上可以描述成一个图 $G=(V,E)$,其中 $V=\{v_1,v_2\cdots,v_N\}$ 表示节点集合,$E=\{e_1,e_2,\cdots,e_w\}\subseteq V\times V$ 表示边的集合,$N=|V|$ 表示节点数量,$W=|E|$ 表示边数量。令网络中节点 v_i 的重要度为 I_i,将所有节点按照重要度 I_i 排序,令节点 v_i 的序号为 r_i。令 ∇_i 表示节点的信息获取状态,即若 v_i 的重要度 I_i 已知,则 $\nabla_i=1$,否则 $\nabla_i=0$。称所有已被获取信息节点的集合为"已知区域"Ω,即 $\Omega=\{v_i\,|\,\nabla_i=1,v_i\in V\}$,称所有未被获取信息节点的集合为"未知区域"$\overline{\Omega}$,即 $\overline{\Omega}=\{v_i\,|\,\nabla_i=0,v_i\in V\}$。这样,攻击信息的度量问题就转化成"已知区域"$\Omega$ 的确定问题。如图 3.1 所示,阴影部分表示攻击信息未知区域 $\overline{\Omega}$,非阴影部分表示攻击信息已知区域 Ω,其中 $\Omega=\varnothing$ 对应随机失效,$\Omega=V$ 对应故意攻击。

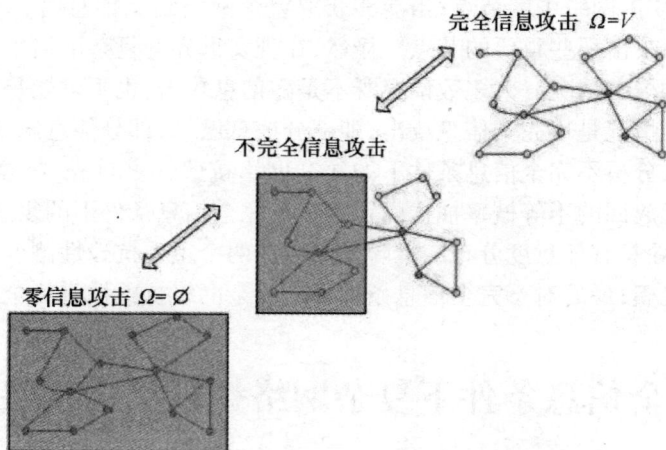

图 3.1　不完全信息攻击示意图

要确定 Ω 需要解决两个问题:(1)Ω 包含多少个节点,即攻击信息的广度;(2)Ω 包含哪些节点,即攻击信息的精度。为了同时攻击控制信息的精度和广度,我们把 Ω 的确定转化成"不等概率抽样问题(unequal probability sampling)"。

不等概率抽样有时也被称为非概率抽样(non-probability sampling)或非随机抽样(non-random sampling),它指总体中某一单元的入样概率与该单元的某一辅助变量大小成正比[323]。在这里,总体对应节点集合 V,总体容量为 N;样本对应已知区域 Ω,样本容量为 $n = N\alpha$,其中 $\alpha \in [0,1]$ 为攻击信息广度参数。α 越大,我们获取的攻击信息越多。考虑两种极端情况:

(1)当 $\alpha = 0$ 时,有

$$n = N\alpha = 0 \tag{3.1}$$

即攻击信息量为零,对应随机失效。

(2)当 $\alpha = 1$ 时,有

$$n = N\alpha = N \tag{3.2}$$

即攻击信息量为完全信息,对应故意攻击。

我们构造节点 v_i 的辅助变量如下:

$$\pi_i = r_i^{-\delta} \tag{3.3}$$

其中 $\delta \in [0,\infty)$ 为攻击信息精度参数。由(3.3)式可得单次抽样($n = 1$)节点 v_i 的入样概率为

$$\nabla_i = \frac{\pi_i}{\sum\limits_{t=1}^{N} \pi_t} = \frac{r_i^{-\delta}}{\sum\limits_{t=1}^{N} r_t^{-\delta}} \tag{3.4}$$

显然,δ 越大,我们越可能获取到那些重要节点的信息,即获取的攻击信息精度越高。考虑两种极端情况:

(1)当 $\delta = 0$ 时,有

$$\nabla_i = \frac{r_i^{-\delta}}{\sum\limits_{t=1}^{N} r_t^{-\delta}} = \frac{1}{N} \tag{3.5}$$

即节点被获取信息的概率相等,我们称这种攻击信息为随机信息。

(2)当 $\delta = \infty$ 时,有

$$\sum_{t=1}^{N} r_t^{-\infty} = \sum_{t=1}^{N} t^{-\infty} = 1 + \sum_{t=2}^{N} t^{-\infty} = 1 \tag{3.6}$$

假设 $r_{i*} = 1$,则

$$\Delta_i = \begin{cases} \dfrac{1}{\sum\limits_{t=1}^{N} r_t^{-\delta}} = 1, & i = i^* \\[4mm] \dfrac{r_i^{-\delta}}{\sum\limits_{t=1}^{N} r_t^{-\delta}} = 0, & i \neq i^* \end{cases} \tag{3.7}$$

即最重要的节点信息总是被优先获取,我们称这种攻击信息为优先信息。

为了避免重要度高的节点重复入样,我们将攻击信息的获取过程抽象成如下无放回的不等概率抽样步骤(unequal probability sampling schedule without replacement):

Step 1　按照(3.4)式中的概率抽取一个样本;

Step 2　将剩余节点按重要度排序并重新计算辅助变量 π_i 和入样概率 ∇_i;

Step 3　重复 Step 1~2 直至抽出 n 个样本。

我们用图 2.2 中的简单例子来解释上述抽样过程。在图 2.2 的网络中,$N=5$,$W=6$。假设用节点的度作为重要度指标,则 $I_1=d_1=3$,$I_2=d_2=2$,$I_3=d_3=4$,$I_4=d_4=1$,$I_5=d_5=2$;$r_1=2$,$r_2=3$,$r_3=1$,$r_4=5$,$r_5=4$。取 $\alpha=0.4$,$\delta=0.5$,则 $n=N\alpha=2$;$\pi_1=2^{-0.5}=0.7071$,$\pi_2=3^{-0.5}=0.5774$,$\pi_3=1^{-0.5}=1$,$\pi_4=5^{-0.5}=0.4472$,$\pi_5=4^{-0.5}=0.5$;$\Delta_1=0.2188$,$\Delta_2=0.1787$,$\Delta_3=0.3094$,$\Delta_4=0.1384$,$\Delta_5=0.1547$。按照 Δ_i,我们首先抽出一个节点,假设为 v_3。接着,对剩下的 4 个节点重新计算 r_i、π_i、∇_i,即 $r_1=1$,$r_2=2$,$r_4=4$,$r_5=3$;$\pi_1=1^{-0.5}=1$,$\pi_2=2^{-0.5}=0.7071$,$\pi_4=4^{-0.5}=0.5$,$\pi_5=3^{-0.5}=0.5774$;$\Delta_1=0.3591$,$\Delta_2=0.2539$,$\Delta_4=0.1796$,$\Delta_5=0.2074$。然后,根据重新计算的 Δ_i 从剩下的 4 个节点中抽取一个节点,假如为 v_2。这样,我们就确定了该网络的已知区域 $\Omega=\{v_3, v_2\}$。

3.1.2　攻击模式

在上一小节中,我们把攻击信息的获取过程抽象成无放回的不等概率抽样问题,用信息广度参数 α 和信息精度参数 δ 定量刻画了复杂网络的攻击信息。假设已经确定已知区域 $\Omega(n=|\Omega|=N\alpha)$,需要攻击网络中的 Nf 个节点,节点被攻击后,与其相连接的边随之移除。我们考虑一种最简单的攻击模式:先攻击已知信息的节点,再攻击未知信息的节点,即

(1)当 $f \leqslant \alpha$ 时,直接在已知区域 Ω 中按照节点的重要度从大到小依次攻击;

(2)当 $f > \alpha$ 时,先把已知区域 Ω 中的节点全部攻击,然后在未知区域 $\bar{\Omega}$ 随机攻击 $N(f-\alpha)$ 个节点。

3.2　不完全信息条件下复杂网络拓扑结构抗毁性解析分析

对于一般的复杂网络,解析分析不完全信息条件下的抗毁性非常困难,所以在本节中我们仅解析分析具有任意度分布的广义随机网络(见本文 1.2.1.3 节)的抗毁性,即假设网络在满足度分布条件下随机连接。对于一般的复杂网络,其结构属性如何影响抗毁性,我们将在第 6 章详细探讨。由于本节中的数学推导需要用到概率母函数作为解析工具,所以我们先在 3.2.1 节介绍概率母函数的相关预备知识。在 3.2.2 节中,我们解析推导了具有任意度分布广义随机网络的两个重要抗毁性度量参数:巨组元规模,临界移除比例。无放回的不等概率抽样过程比较复杂,对于一般的信息精度参数 δ 很难解析计算最终的入样概率 ∇_i。在 3.2.3 节和 3.2.4 节中,我们详细分析了两种极端情况:随机不完全信息($\delta = 0$)和优先不完全信息($\delta = \infty$)。对于一般的信息精度参数 δ,我们将在 3.3 节进行仿真分析。

3.2.1　预备知识

概率母函数是(probability generating function)研究非负离散型随机变量 $X = 0,1,2,\cdots$ 的有力工具,它被定义为一个幂级数[324],即

$$g_X(x) = \sum_{k=1}^{\infty} p(X = k) x^k = E(x^X) \tag{3.8}$$

其中 $p(X = k)$ 为 X 的概率分布函数,E 表示期望。例如,随机抛一枚均匀的正方体色子,令 $X = 1,2,3,4,5,6$ 分别代表不同的结果,则随机变量 X 的概率分布为

$$p(X = k) = 1/6 \tag{3.9}$$

其中 $k = 1,2,3,4,5,6$,随机变量 X 的概率母函数为

$$g_X(x) = x/6 + x^2/6 + x^3/6 + x^4/6 + x^5/6 + x^6/6 \tag{3.10}$$

由概率分布的归一性,得

$$g_X(1) = \sum_{k=1}^{\infty} p(X = k) = 1 \tag{3.11}$$

因此,由 Abel 定理[325]可知,当 $-1 \leqslant x \leqslant 1$ 时,概率母函数 $g_X(x)$ 收敛。

一个非负离散型随机变量的概率分布函数与其概率母函数是一一对应的,有时也将概率母函数称为概率分布函数的 z 变换(z-transform)。若已知一个非负离散型随机

变量的概率母函数,可以直接得出其概率分布函数:

$$p(k) = \frac{1}{k!} \frac{d^k g_X(x)}{dx^k} \bigg|_{x=0} \tag{3.12}$$

期望值

$$E(X) = \sum_{k=0}^{\infty} p(X=k)k = g'_X(1) \tag{3.13}$$

二阶距

$$E(X^2) = \sum_{k=0}^{\infty} p(k)k^2 = g''_X(1) + g'_X(1) \tag{3.14}$$

方差

$$S = E[(X-E(X))^2] = E(X^2) - [E(X)]^2 = g''_X(1) + g'_X(1) - [g'_X(1)]^2 \tag{3.15}$$

假设 $X_1, X_2, \cdots, X_n$ 为独立非负离散型随机变量,那么随机变量 $s_n = \sum_{i=1}^{n} a_i X_i$ 的母函数为

$$g_{s_n}(x) = E(x^{s_n}) = g_{X_1}(x^{a_1}) g_{X_2}(x^{a_2}) \cdots g_{X_n}(x^{a_n}) \tag{3.16}$$

特别地,当 $a_i = 1$ 且 $X_1, X_2, \cdots, X_n$ 独立同分布时,有

$$g_{s_n}(x) = E(x^{s_n}) = [g_X(x)]^n \tag{3.17}$$

若 n 也是非负离散型随机变量,则

$$g_{s_n}(x) = g_n[g_X(x)] \tag{3.18}$$

其中 $g_n(x)$ 为 n 的概率母函数。

假设 X_1, X_2 为独立非负离散型随机变量,那么随机变量 $s = X_1 - X_2$ 的母函数为

$$g_s(x) = E(x^{X_1 - X_2}) = E(x^{X_1}/x^{X_2}) = g_{X_1}(x) g_{X_2}(1/x) \tag{3.19}$$

3.2.2　巨组元规模与临界移除比例

下面,我们利用概率母函数方法[145,296]解析推导不完全信息条件下具有任意度分布 $p(k)$ 的广义随机网络的两个重要抗毁性度量参数:临界移除比例 f_c 和巨组元规模 S。为了便于推导,本文选择节点的度作为其重要度指标。

由度分布 $p(k)$,我们可得到其概率母函数

$$g_0(x) = \sum_{k=m}^{M} p(k) x^k \tag{3.20}$$

其中 m 为最小度,M 为最大度。令沿随机选择的一条边的任意方向到达的节点度为 k

的概率分布为 $p_E(k)$，其不仅与度为 k 的节点数量成正比，还与 k 本身成正比。所以，可知

$$p_E(k) = \frac{kp(k)}{\sum_{k=m}^{M} kp(k)} \tag{3.21}$$

从而，可得 $p_E(k)$ 的概率母函数为

$$g_E(x) = \sum_{k=m}^{M} p_E(k) x^k = \frac{\sum_{k=m}^{M} kp(k) x^k}{\sum_{k=m}^{M} kp(k)} = \frac{g'_0(x)}{g'_0(1)} x \tag{3.22}$$

当沿随机选择的一条边的任意方向到达度为 k 的节点后，除去刚才到达的边，还剩 $k-1$ 条边可以连接其他节点，这就是剩余度的概念[145]。其实所谓剩余度就是指节点的度减去 1，引入剩余度可以方便推导。令剩余度的概率分布为 $p_R(k)$，由剩余度的定义易知

$$p_R(k) = p(k+1) \tag{3.23}$$

因此，沿随机选择的一条边的任意方向到达剩余度为 k 的概率分布为

$$p_1(k) = \frac{(k+1)p(k+1)}{\sum_{k=m-1}^{M-1}(k+1)p(k+1)} = \frac{(k+1)p(k+1)}{\sum_{k=m}^{M} kp(k)} \tag{3.24}$$

其概率母函数为

$$g_1(x) = \sum_{k=m-1}^{M-1} p_1(k) x^k = \frac{\sum_{k=m-1}^{M-1}(k+1)p(k+1) x^k}{\sum_{k=m}^{M} kp(k)}$$

$$= \frac{\sum_{k=m}^{M} kp(k) x^{k-1}}{\sum_{k=m}^{M} kp(k)} = \frac{g'_0(x)}{g'_0(1)} = \frac{1}{\langle k \rangle} g'_0(x) \tag{3.25}$$

令度为 k 的节点未被攻击的概率为 $q(k)$，则随机选择一个节点，其节点度为 k 且没有被攻击的概率为 $w_0(k) = p(k)q(k)$，其概率母函数为

$$F_0(x) = \sum_{k=m}^{M} p(k)q(k) x^k \tag{3.26}$$

同理，沿随机选择的一条边的任意方向到达一个剩余度为 k 且没有被攻击的节点的概率为 $w_1(k) = p_1(k)q(k+1)$，其概率母函数为

$$F_1(x) = \sum_{k=m-1}^{M-1} p_1(k)q(k+1)x^k = \sum_{k=m}^{M} \frac{kp(k)}{\sum_{k=m}^{M} kp(k)} q(k)x^{k-1}$$

$$= \frac{\sum_{k=m}^{M} kp(k)q(k)x^{k-1}}{\sum_{k=m}^{M} kp(k)} = \frac{F_0'(x)}{\langle k \rangle} \tag{3.27}$$

令 $h_1(k)$ 表示沿随机选择的一条边的任意方向到达的连通片 s 的规模为 k 的概率，其概率母函数为

$$H_1(x) = \sum_{k=0}^{\infty} h_1(k)x^k \tag{3.28}$$

当网络中含有巨组元时，我们假设 $h_1(k)$ 不包括巨组元[145]。所谓"巨组元"指的是包含网络中大多数节点的连通片，即几乎一定 $|S| = \Theta(N)$ [146-147]。当沿随机选择的一条边的任意方向到达的节点已被攻击时，到达的连通片规模为零，其概率为

$$h_1(0) = 1 - \sum_{k=m-1}^{M-1} p_1(k)q(k+1) = 1 - F_1(1) \tag{3.29}$$

当沿随机选择的一条边的任意方向到达的节点未被攻击时，到达的连通片规模大于零，可以按照到达节点的剩余度分为不同情况，如图3.2所示，方框代表连通片，圆圈代表节点。当到达节点的剩余度为0时，到达的连通片规模为1；当到达节点的剩余度为1时，到达的连通片规模为到达节点连接的分支规模再加1；当到达节点的剩余度为2时，到达的连通片规模为到达节点连接的两个分支规模之和再加1……以此类推。因此，$H_1(x)$ 可表示为如下递归形式：

$$H_1(x) = 1 - F_1(1) + xp_1(0)q(1) + xp_1(1)q(2)H_1(x) + xp_1(2)q(3)[H_1(x)]^2 + \cdots$$

$$= 1 - F_1(1) + x \sum_{k=m-1}^{M-1} p_1(k)q(k+1)[H_1(x)]^k$$

$$= 1 - F_1(1) + xF_1[H_1(x)] \tag{3.30}$$

实际上，(3.30)式也可由(3.18)式中所示的概率母函数的复合性质直接导出。

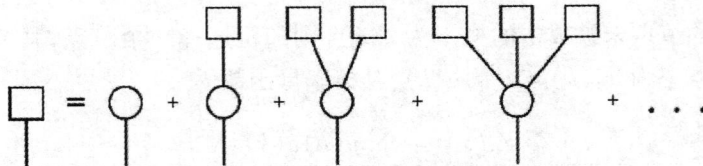

图3.2 沿随机选择的一条边的任意方向到达的连通片规模示意图

同理,令 $h_0(k)$ 表示随机选择的一个节点所属连通片的规模为 k 的概率,其概率母函数为

$$H_0(x) = \sum_{k=0}^{\infty} h_0(k) x^k \qquad (3.31)$$

当网络中含有巨组元时,同样假设 $h_0(k)$ 不包括巨组元。当沿随机选择的节点已被攻击时,所属连通片规模为零,其概率为

$$h_0(0) = 1 - \sum_{k=m}^{M} p(k) q(k) = 1 - F_0(1) \qquad (3.32)$$

当随机选择的节点未被攻击时按照节点的度分为不同情况,如图 3.3 所示,方框代表连通片,圆圈代表节点。当节点的度为 0 时,所属连通片规模为 1;当节点的度为 1 时,所属连通片规模为该节点连接的分支规模再加 1;当节点的度为 2 时,所属连通片规模为该节点连接的两个分支规模之和再加 1……以此类推。因此,$h_0(k)$ 的概率母函数为可表示为如下递归形式

$$H_0(x) = 1 - F_0(1) + x F_0 [H_1(x)] \qquad (3.33)$$

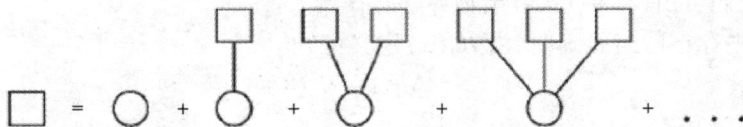

图 3.3　随机选择的一个节点所属连通片规模示意图

这样,假设给定度分布 $p(k)$ 以及未被攻击概率 $q(k)$,我们就可得到 $F_0(x)$ 和 $F_1(x)$,将 $F_1(x)$ 代入(3.30)式即可解出 $H_1(x)$,将 $F_0(x)$ 和 $H_1(x)$ 代入(3.33)式即可解出 $H_0(x)$,从而由(3.12)式可得到所有连通片规模的概率分布。但实际上,解析求解方程(3.30)式是非常困难的,大多数时候它都是超越方程(transcendental equation),没有显式解[145]。虽然很难解析得到连通片规模的概率分布,但我们可以通过(3.30)式和(3.33)式得到两个重要的抗毁性度量参数:巨组元规模以及临界移除比例。

假设网络中不存在巨组元,则

$$H_1(1) = \sum_{k=0}^{\infty} h_1(k) = 1 \qquad (3.34)$$

$$H_0(1) = \sum_{k=0}^{\infty} h_0(k) = 1 \qquad (3.35)$$

由(3.13)式,我们可得平均连通片规模:

$$\langle s \rangle = H'_0(1) = F_0 [H_1(1)] + F'_0(1) H'_1(1) = F_0(1) + F'_0(1) H'_1(1) \qquad (3.36)$$

又由(3.30)式可知

$$H'_1(1) = F_1[H_1(1)] + F'_1(1)H'_1(1) = F_1(1) + F'_1(1)H'_1(1) \tag{3.37}$$

解得

$$H'_1(1) = \frac{F_1(1)}{1 - F'_1(1)} \tag{3.38}$$

从而

$$\langle s \rangle = F_0(1) + F'_0(1)H'_1(1) = F_0(1) + \frac{F'_0(1)F_1(1)}{1 - F'_1(1)} \tag{3.39}$$

由(3.39)式可以看出,当 $F'_1(1) = 1$ 时平均连通片规模 $\langle s \rangle$ 发散,这意味着巨组元存在的临界点或者网络崩溃的临界点位于 $F'_1(1) = 1$,即

$$F'_1(1) = \frac{F''_0(1)}{\langle k \rangle} = \frac{\sum\limits_{k=m}^{M} k(k-1)p(k)q(k)}{\sum\limits_{k=m}^{M} kp(k)} = 1 \tag{3.40}$$

由于 $q(k)$ 仅和攻击信息以及节点移除比例 f 有关,所以给定度分布 $p(k)$,攻击信息参数 α、δ 后,我们可由(3.40)式解出临界移除比例 f_c。

当网络中存在巨组元 S 时,由 $H_0(x)$ 定义可知

$$|S|/N = 1 - H_0(1) \tag{3.41}$$

又由(3.33)式可知

$$H_1(1) = 1 - F_1(1) + F_1(H_1(1)) \tag{3.42}$$

由上式解得 $H_1(1) = u$,代入(3.33)式,得

$$H_0(1) = 1 - F_0(1) + F_0(u) \tag{3.43}$$

因此,可得巨组元规模

$$|S|/N = 1 - H_0(1) = F_0(1) - F_0(u) \tag{3.44}$$

其中 u 为方程

$$u = 1 - F_1(1) + F_1(u) \tag{3.45}$$

的最小非负实数解。

3.2.3　随机不完全信息条件下复杂网络拓扑结构抗毁性

当 $\delta = 0$ 时,节点被获取信息的概率相等,即获取的节点信息为随机信息。下面,我们推导随机信息条件下的巨组元规模以及临界移除比例。

当 $f \leqslant \alpha$ 时,在已知区域 Ω 中按照节点的度从大到小依次移除 Nf 节点。令 $\bar{K}$ 表示 Ω 中未被攻击节点的最大度,那么一个节点未被移除有两种可能:(1)在未知区域 $\bar{\Omega}$

中,其概率为 $1-\alpha$;(2)在已知区域 Ω 中,但度小于 $\tilde{K}$。因此,可得

$$q(k) = \begin{cases} 1, & k \leqslant \tilde{K} \\ 1-\alpha, & k > \tilde{K} \end{cases} \qquad (3.46)$$

因为 Ω 中节点是随机选择的,所以当 N 很大时,可以认为 Ω 的度分布也为 $p(k)$。由定理 2.1 可得 Ω 的度秩函数 $f_\Omega(r)$,从而 $\tilde{K}=f_\Omega(Nf)$。特别地,若 $p(k)=Ck^{-\gamma}(\gamma>2)$,则

$$f_\Omega(r) \approx m(N\alpha)^{1/(\gamma-1)} r^{-1/(\gamma-1)} \qquad (3.47)$$

$$\tilde{K} \approx m\left(\frac{f}{\alpha}\right)^{-1/(\gamma-1)} \qquad (3.48)$$

当 $f>\alpha$ 时,先把已知区域 Ω 中的节点全部移除,然后在未知区域 $\bar{\Omega}$ 随机移除 $N(f-\alpha)$ 节点。因为 Ω 中节点也是随机选择的,所以这种情况等价于在整个网络中随机移除 Nf 节点,即随机失效($\alpha=0$)。因此,未被攻击概率为

$$q(k) = 1-f \qquad (3.49)$$

将(3.49)式代入(3.40)式,可得随机失效条件下的临界条件:

$$(1-f)\sum_{k=m}^{M} k(k-1)p(k) = \sum_{k=m}^{M} kp(k) \qquad (3.50)$$

从而可得随机失效条件下的临界移除比例:

$$f_c^{RF} = 1 - \frac{1}{\kappa-1} \qquad (3.51)$$

其中 $\kappa=\langle k^2\rangle/\langle k\rangle$。特别地,若 $p(k)=Ck^{-\gamma}(\gamma>2$ 且 $\gamma\neq3)$,则

$$\kappa = \left(\frac{2-\gamma}{3-\gamma}\right)\frac{M^{3-\gamma}-m^{3-\gamma}}{M^{2-\gamma}-m^{2-\gamma}} \qquad (3.52)$$

其中 m 为最小度,$M\approx mN^{1/(\gamma-1)}$ 为最大度。这与文献[290]中的结果一致。

若 $\alpha\leqslant f_c^{RF}$,那么必须至少移除 $N\alpha$ 节点才能使得网络崩溃,即 $f_c\geqslant\alpha$。此时等价于随机失效,因此 $f_c=f_c^{RF}$。

若 $\alpha>f_c^{RF}$,可知 $f_c<\alpha$。将(3.46)式代入(3.40)式,可得临界条件:

$$\sum_{k=m}^{\tilde{K}} k(k-1)p(k) + (1-\alpha)\sum_{k=\tilde{K}+1}^{M} k(k-1)p(k) = \sum_{k=m}^{M} kp(k) \qquad (3.53)$$

求解上式,可得临界值 $\tilde{K}_c$,再由 $\tilde{K}$ 和 f 的函数关系即可得到临界移除比例 f_c。特别地,若 $p(k)=Ck^{-\gamma}(\gamma>2$ 且 $\gamma\neq3)$,(3.53)式可写为

$$\frac{\alpha\tilde{K}^{2-\gamma}-2m^{2-\gamma}+(2-\alpha)M^{2-\gamma}}{2-\gamma} = \frac{\alpha\tilde{K}^{3-\gamma}-m^{3-\gamma}+(1-\alpha)M^{3-\gamma}}{3-\gamma} \qquad (3.54)$$

对于故意攻击($\alpha=1$),上式可写为

$$\frac{\tilde{K}^{2-\gamma}-2m^{2-\gamma}+M^{2-\lambda}}{2-\gamma} = \frac{\tilde{K}^{3-\gamma}-m^{3-\gamma}}{3-\gamma} \qquad (3.55)$$

这与文献[294]中的结果一致。

从(3.54)式、(3.55)式可看出,当 $\gamma > 3$ 时,则当 $N \to \infty$,$M^{3-\gamma} \to 0$,从而总是存在一个有限的临界移除比例 $f_c < 1$;但当 $2 < \gamma < 3$ 时,若 $\alpha < 1$,则当 $N \to \infty$,$M^{3-\gamma} \to \infty$,从而 $f_c \to 1$。这意味着,在标度指数 $2 < \gamma < 3$ 的无标度网络中,当 $N \to \infty$ 时,如果我们能隐藏部分节点的信息($\alpha < 1$),那么几乎需要移除所有节点才能使得网络崩溃($f_c \to 1$)。

将(3.46)式、(3.49)式代入(3.26)式、(3.27)式可得 $F_0(x)$ 和 $F_1(x)$,再代入(3.44)式即可求得巨组元规模。

3.2.4　优先不完全信息条件下复杂网络拓扑结构抗毁性

当 $\delta = \infty$ 时,最重要的节点信息被优先获取,即获取的节点信息为优先信息。下面,我们推导优先信息条件下的巨组元规模以及临界移除比例。

当 $f \leqslant \alpha$ 时,在已知区域 Ω 中按照节点的度从大到小依次移除 Nf 节点。因为 Ω 中节点是按照度从大到小优先选择的,所以这种情况等价于在整个网络中按照节点的度从大到小依次移除 Nf 节点,即故意攻击($\alpha = 1$)。令 $\tilde{K}$ 表示未被攻击节点的最大度,则未被攻击概率可写为

$$q(k) = \begin{cases} 1, & k \leqslant \tilde{K} \\ 0, & k > \tilde{K} \end{cases} \tag{3.56}$$

给定度分布 $p(k)$,由定理 2.1 可得度秩函数 $f_G(r)$,从而 $\tilde{K} = f_G(Nf)$。特别地,若 $p(k) = Ck^{-\gamma}$($\gamma > 2$ 且 $\gamma \neq 3$),则

$$f_G(r) \approx mN^{1/(\gamma-1)}r^{-1/(\gamma-1)} \tag{3.57}$$

$$\tilde{K} \approx mf^{-1/(\gamma-1)} \tag{3.58}$$

将(3.56)式代入(3.40)式,可得故意攻击条件下的临界条件:

$$\sum_{k=m}^{\tilde{K}} k(k-1)p(k) = \sum_{k=m}^{M} kp(k) \tag{3.59}$$

求解上式,可得临界值 $\tilde{K}_c$,再由 $\tilde{K}$ 和 f 的函数关系即可得到故意攻击条件下的临界移除比例 f_c^{IA}。特别地,若 $p(k) = Ck^{-\gamma}$($\gamma > 2$ 且 $\gamma \neq 3$),则临界条件可写为

$$\frac{\tilde{K}^{2-\lambda} - 2m^{2-\lambda} + M^{2-\lambda}}{2-\lambda} = \frac{\tilde{K}^{3-\lambda} - m^{3-\lambda}}{3-\lambda} \tag{3.60}$$

当 $f > \alpha$ 时,先把已知区域 Ω 中的节点全部移除,然后在未知区域 $\overline{\Omega}$ 随机移除 $N(f - \alpha)$ 节点。一个节点未被移除只有一种可能:在未知区域 $\overline{\Omega}$ 中,而且未被随机移除。令 $\tilde{m}$ 表示 Ω 中节点的最小度,则未被攻击概率可写为

$$q(k) = \begin{cases} \dfrac{1-f}{1-\alpha}, & k < \tilde{m} \\ 0, & k \geqslant \tilde{m} \end{cases} \tag{3.61}$$

给定度分布 $p(k)$，由定理 2.1 可得度秩函数 $f_G(r)$，从而 $\tilde{m} = f_G(N\alpha)$。特别地，若 $p(k) = Ck^{-\gamma}(\gamma > 2$ 且 $\gamma \neq 3)$，则

$$f_G(r) \approx m N^{1/(\gamma-1)} r^{-1/(\gamma-1)} \tag{3.62}$$

$$\tilde{m} \approx m\alpha^{-1/(\gamma-1)} \tag{3.63}$$

若 $\alpha \geqslant f_c^{IA}$，那么仅需移除不超过 $N\alpha$ 节点才能使得网络崩溃，即 $f_c \leqslant \alpha$。此时等价于故意攻击，因此 $f_c = f_c^{IA}$。

若 $\alpha < f_c^{IA}$，可知 $f_c > \alpha$。将 (3.61) 式代入 (3.40) 式，可得临界条件：

$$(1-f) \sum_{k=m}^{\tilde{m}-1} k(k-1)p(k) = (1-\alpha) \sum_{k=m}^{M} kp(k) \tag{3.64}$$

求解上式，可得到临界移除比例 f_c。特别地，若 $p(k) = Ck^{-\gamma}(\gamma > 2$ 且 $\gamma \neq 3)$，(3.64) 式可写为

$$\frac{(M^{2-\gamma} - m^{2-\gamma})(1-\alpha) + (\tilde{m}^{2-\lambda} - m^{2-\gamma})(1-f)}{2-\gamma} = \frac{(\tilde{m}^{3-\gamma} - m^{3-\gamma})(1-f)}{3-\gamma} \tag{3.65}$$

对于随机失效 $(\alpha = 0)$，(3.65) 式可写为

$$\frac{(2-f)(m^{2-\gamma} - M^{2-\gamma})}{2-\gamma} = \frac{(1-f)(m^{3-\gamma} - M^{3-\gamma})}{3-\gamma} \tag{3.66}$$

解得

$$f_c^{RF} = 1 - \frac{1}{\kappa - 1} \tag{3.67}$$

其中

$$\kappa = \left(\frac{2-\gamma}{3-\gamma}\right) \frac{M^{3-\gamma} - m^{3-\gamma}}{M^{2-\gamma} - m^{2-\gamma}} \tag{3.68}$$

这与文献 [290] 中的结果一致。

从 (3.65) 式、(3.66) 式可看出，当 $\gamma > 3$ 时，总是存在一个有限的临界移除比例 $f_c < 1$；当 $2 < \gamma < 3$ 时，若 $\alpha = 0$，则当 $N \to \infty$，$M^{3-\gamma} \to \infty$，从而 $f_c \to 1$，但若 $\alpha > 0$，总是存在一个有限的临界移除比例 $f_c < 1$。这意味着，在无标度网络中，当 $N \to \infty$ 时，只要我们能优先获取很少部分重要节点的信息 $(\alpha > 0)$，那么也能通过移除部分节点使得网络崩溃 $(f_c < 1)$。

将 (3.56) 式、(3.61) 式代入 (3.26) 式、(3.27) 式可得 $F_0(x)$ 和 $F_1(x)$，再代入 (3.44) 式即可求得巨组元规模。

3.3 不完全信息条件下复杂网络拓扑结构抗毁性仿真分析

在上一节中,我们解析研究了两种极端情况(随机信息和优先信息)下的复杂网络抗毁性。本节中,我们以无标度网络为例,对一般攻击信息参数组合 (α, δ) 进行仿真分析。

3.3.1 仿真模型

给定度序列 $w_1 \geqslant w_2 \geqslant \cdots \geqslant w_N$,其中 $w_i = ci^{-1/(\gamma-1)}$,$m = w_N$ 为最小度,$M = c = w_1 = mN^{1/(\gamma-1)}$ 为最大度,$\gamma > 2$,采用文献[146 – 147]中的配置模型构造随机无标度网络(参见 1.2.1.3 节)。由定理 2.5 易知,生成网络的度分布为

$$p(k) = (\gamma - 1)m^{\gamma-1}k^{-\gamma} \tag{3.69}$$

平均度为

$$\langle k \rangle = m\frac{\gamma - 1}{\gamma - 2} \tag{3.70}$$

给定攻击信息参数组合 (α, δ),在生成的随机无标度网络中按照不等概率抽样步骤确定已知区域 Ω,然后按照攻击模型移除节点。选择 $\kappa \equiv \langle k^2 \rangle / \langle k \rangle \leqslant 2$ 作为网络崩溃的临界值[290],每移除一个节点后计算网络中的巨组元规模 $|S|$ 以及 κ,并记录使得 $\kappa \leqslant 2$ 需要移除的节点比例 T。由于使用配置模型构造随机无标度网络以及按照不等概率抽样确定已知区域 Ω 均有随机性,所以我们对于特定网络参数独立执行 10 次配置模型,对每一个网络独立确定 10 次已知区域 Ω,最后计算平均值 $\langle|S|\rangle$ 和 $\langle T \rangle$ 作为巨组元规模和临界移除比例。

通常情况下,计算网络中连通片规模可采用深度优先遍历或广度优先遍历算法。考虑到无标度网络中节点的度非常不均匀,所以我们采用如下的优先收缩算法:

Step 1 $c(v_i) \leftarrow v_i$,其中 $c(v_i)$ 表示节点 v_i 所在节点团包含的节点,初始时每个节点属于一个节点团;

Step 2 计算节点的最大度 M 并找出度最大的节点 v^*;

Step 3 收缩 v^*:删除 v^* 的邻居节点,原先与邻居节点连接的节点直接与 v^* 相连,邻居节点所在节点团包含的节点合并至 $c(v^*)$;

Step 4 重复 Step 2~3,直至 $M = 1$。

最后,网络中节点数目即为连通片数目,每个节点所在节点团包含的节点数目 $|c(v_i)|$ 则为连通片规模。由于无标度网络中存在少量度很大的节点,所以优先收缩算法可以很快收敛。我们用一个简单例子说明上述算法。如图 3.4 所示,网络中共有 11 个节点。显然,v_5 度最大,将其收缩后,$c(v_5) = \{2,4,5,6,7\}$;v_5 收缩后,v_{10} 度最大,将其收缩后,$c(v_{10}) = \{8,9,10,11\}$;$v_{10}$ 收缩后,v_5 度最大,将其收缩后,$c(v_5) = \{1,2,3,4,5,6,7\}$。此时,网络中只剩两个节点度为 1 的节点,因此网络中含有两个连通片,规模分别为 7 和 4。

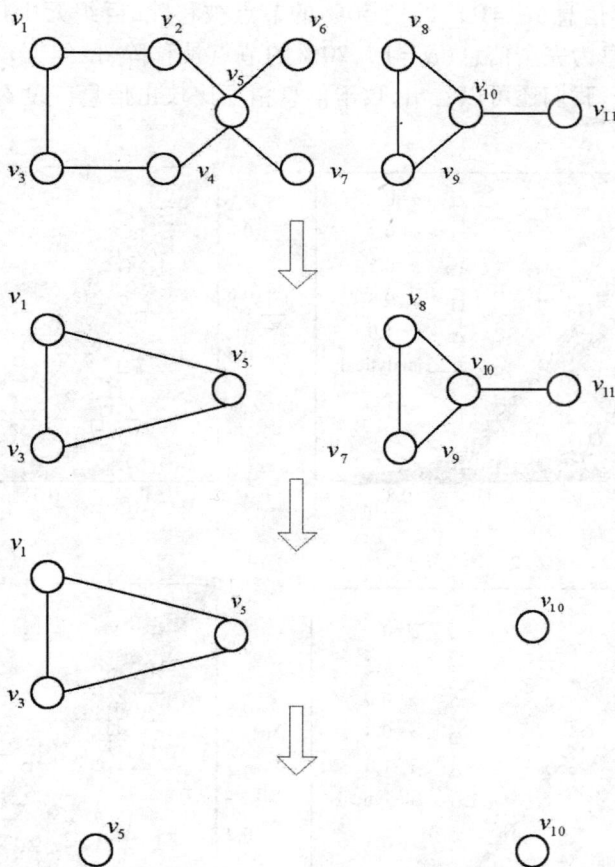

图 3.4　优先收缩算法示例

3.3.2 仿真结果

（1）巨组元规模

图 3.5 给出了无标度网络在不同攻击信息参数组合 (α, δ) 条件下巨组元规模 $|S|$ 随节点移除比例 f 变化图，其中 $N = 1000, m = 2, \gamma = 3.5$，实线为 3.2 节中给出的解析结果，与仿真结果非常吻合。可以看出，攻击信息对巨组元规模 $|S|$ 有显著影响。如果攻击信息为零信息（$\alpha = 0$），即使 50% 的节点被移除，巨组元中仍然包含 30% 的节点；如果攻击信息为完全信息（$\alpha = 1$），20% 的节点被移除，巨组元规模几乎接近零，即网络崩溃。此外，我们还可以看出，攻击信息精度比攻击信息广度对巨组元规模 $|S|$ 影

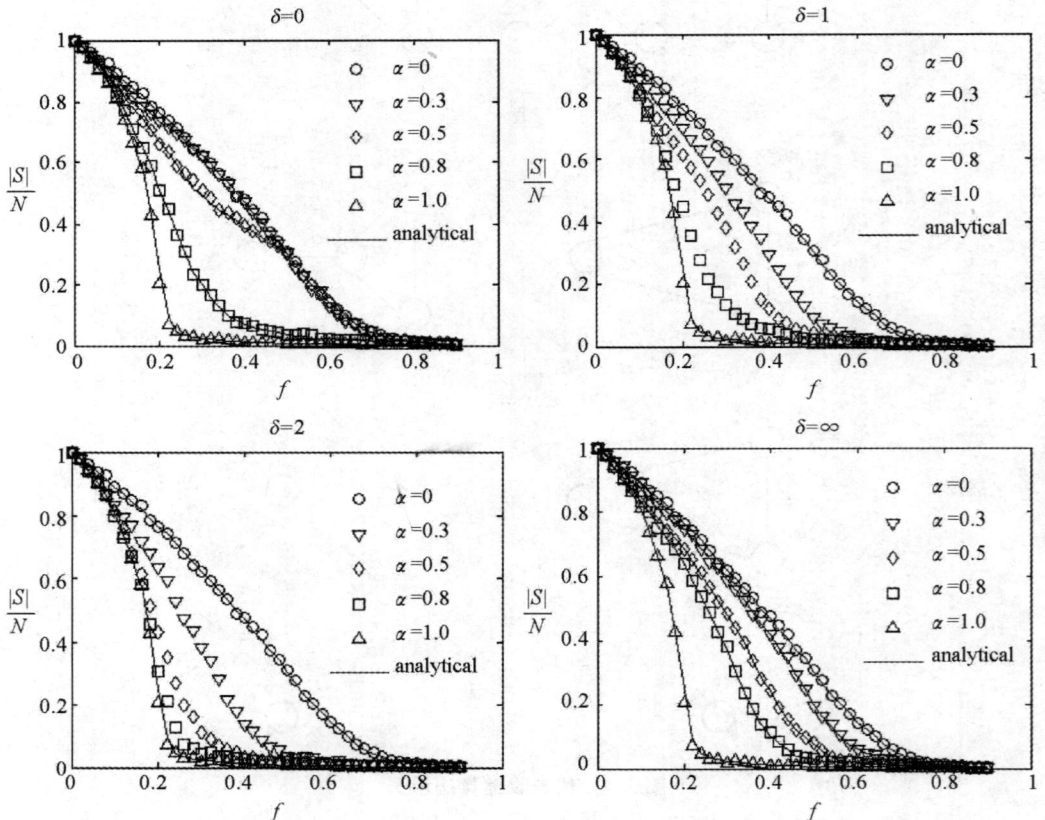

图 3.5 巨组元规模随节点移除比例变化图

响更大。例如,当 $\delta=2$ 时,获取 30% 的重要节点信息($\alpha=0.3$),基本等价于故意攻击,即使仅获取 10% 的节点信息($\alpha=0.1$),网络也变得非常脆弱;但是,如果 $\delta=0$,获取 30% 的节点信息($\alpha=0.3$),基本没有影响,即使获取 80% 的节点信息($\alpha=0.8$),网络抗毁性也非常强。

为了直观展现攻击信息广度参数 α 和攻击信息精度参数 δ 对巨组元规模 $|S|$ 的影响,在图 3.6 中我们给出了节点移除比例 $f=50\%$ 时,巨组元规模 $|S|$ 关于 α 、δ 的三维关系图以及等高线。可以看出,少量高精度信息就等价于大量低精度信息。

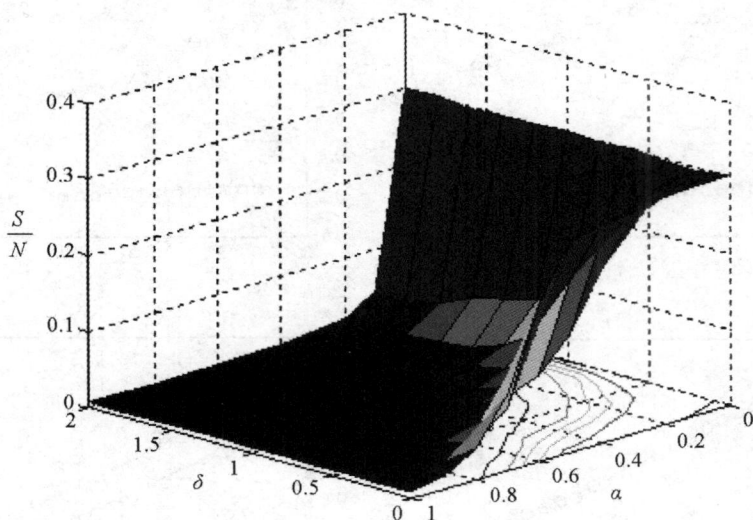

图 3.6　巨组元规模关于攻击信息参数的三维关系以及等高线图

(2)临界移除比例

图 3.7 给出了无标度网络在不同攻击信息参数组合(α,δ)条件下临界移除比例 f_c 随标度指数 γ 的变化图,其中 $N=1000$, $m=2$,实线为 3.2 节中给出的解析结果。可以看出,当 $\gamma \geqslant 3$ 时,仿真结果与解析结果吻合良好,但当 $\gamma<3$ 时,仿真结果与解析结果稍有偏差。这是因为当 $\gamma<3$ 时,无标度网络的结构最大度(structure cut-off) $\sqrt{\langle k \rangle N}$ 小于其自然最大度(natural cut-off) $mN^{1/(\gamma-1)}$,这导致所生成的网络中自环和多重边的数量不能忽略,而 3.2 节中给出的解析结果是在简单图假设下得到的。文献[326]对上述偏差进行过详细分析。

可以看出,攻击信息对临界移除比例 f_c 有显著影响。例如,当 $\gamma=2.5$ 时,如果攻击信息为零信息($\alpha=0$),则 $f_c=0.892$;但如果(α,δ) $=(0.2,2)$,则 $f_c=0.430$,这意味着如果我们能获取到 20% 比较重要节点的信息,就可以大幅降低网络的抗毁性(从 0.

892 到 0.430)；如果攻击信息为完全信息($\alpha = 1$)，则 $f_c = 0.215$；但如果 $(\alpha, \delta) = (0.8, 0)$，则 $f_c = 0.890$，这意味着如果我们能随机隐藏 20% 的节点信息，就可以大幅提高网络的抗毁性(从 0.215 到 0.890)。

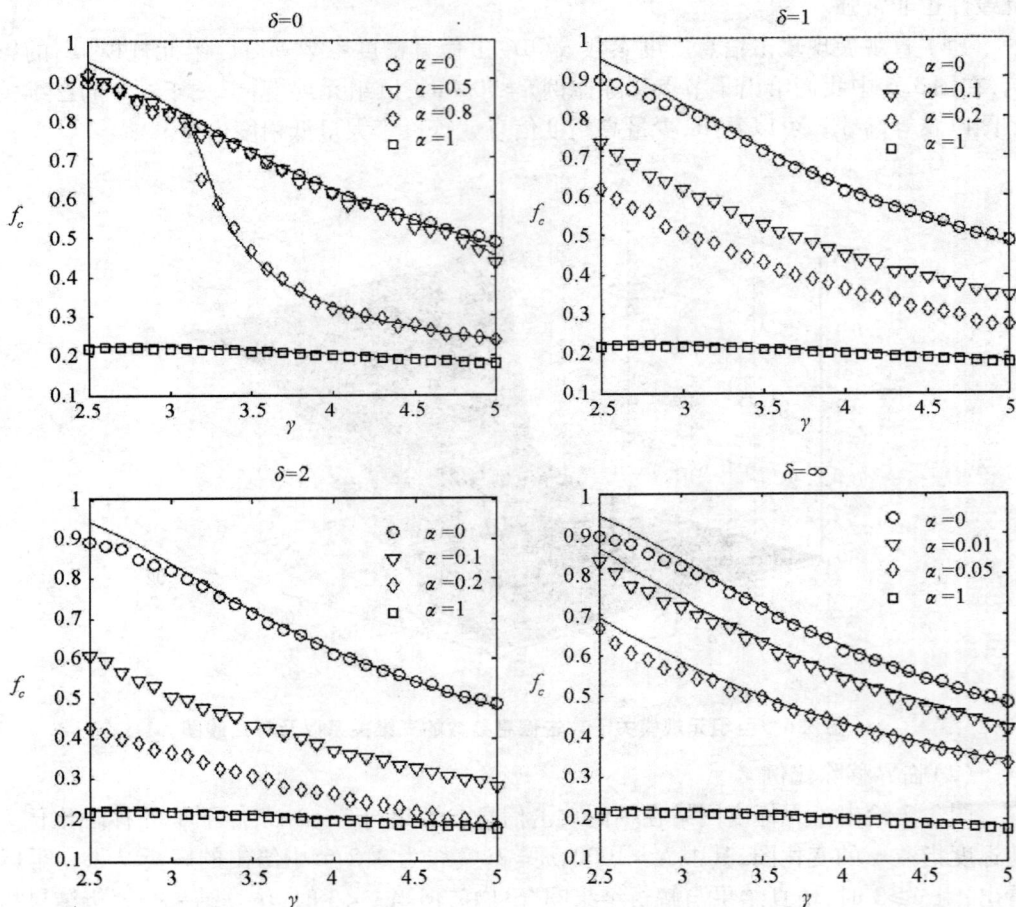

图 3.7　临界移除比例与标度指数关系图

为了直观展现攻击信息广度参数 α 和攻击信息精度参数 δ 对临界移除比例 f_c 的影响，在图 3.8 中我们给出了标度指数 $\gamma = 2.5$ 时，临界移除比例 f_c 与 α、δ 的三维关系图以及等高线。从中也可以看出，少量高精度信息就等价于大量低精度信息。

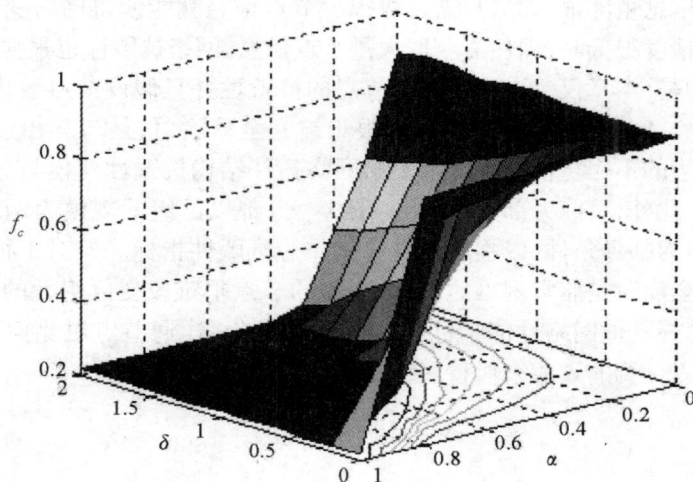

图 3.8　临界移除比例关于攻击信息参数的三维关系以及等高线图

3.4　本章小结

本章主要扩展了现有基于随机失效和故意攻击的抗毁性模型,深入研究了不完全信息条件下的复杂网络拓扑结构抗毁性。其主要工作包括:

(1)将复杂网络攻击信息获取过程抽象成无放回的不等概率抽样问题建立了不完全信息条件下的复杂网络拓扑结构抗毁性模型,网络攻击信息可以用信息广度参数和信息精度参数调节控制,以前的随机失效及故意攻击是本文模型的两个特例:

(2)利用概率母函数方法解析推导了随机不完全信息和优先不完全信息条件下具有任意度分布广义随机网络的两个重要抗毁性度量参数:巨组元规模以及临界移除比例。研究表明,对于无标度网络,当 $\gamma > 3$ 时,总是存在一个有限的临界移除比例 $f_c < 1$。但当 $2 < \gamma < 3$ 时,若 $\delta = 0$,则只要我们能隐藏部分节点的信息($\alpha < 1$),那么几乎需要移除所有节点才能使得网络崩溃($f_c \to 1$);若 $\delta = \infty$,则只要我们能优先获取很少部分重要节点的信息($\alpha > 0$),那么也能通过移除部分节点使得网络崩溃($f_c < 1$)。

(3)以无标度网络为例,对一般攻击信息参数组合(α, δ)进行了仿真分析。研究表明,攻击信息对巨组元规模 $|S|$ 和临界移除比例 f_c 都有显著影响:一方面随机隐藏少量节点信息就可以大幅提高网络的抗毁性,另一方面获取少量重要节点的信息就可以大幅降低网络的抗毁性。此外,研究还发现攻击信息精度比攻击信息广度对 $|S|$ 和 f_c 影

响更大,当攻击信息精度很高时,只需获取很少节点信息就能使得网络变得很脆弱;反之,当攻击信息精度很低时,即使需获取大量节点信息,网络抗毁性也很强。

值得指出的是,本章仅仅考虑了基于节点的抗毁性并且假设节点被攻击后与之相连的边全部移除。实际上,很多时候节点很难被完全移除,只是与其相连的部分边失效。因此,基于边的不完全信息条件下复杂网络拓扑结构抗毁性建模与分析还有待下一步继续研究。此外,目前大部分研究(包括本文)都以巨组元规模为网络性能指标,以网络完全崩溃为临界条件,以临界移除比例作为抗毁性指标。但对于很多复杂网络来说,要使其完全崩溃是非常困难的,攻击少量的节点很难改变巨组元的规模。这时,我们可以考虑选择其他网络性能指标(如网络效率[109]、连通节点对比例[327-328])来代替巨组元规模,以可调的阈值来代替网络崩溃作为临界条件。

第4章 基于特征谱的复杂网络拓扑结构抗毁性建模

在上一章里,我们扩展了现有基于统计物理的抗毁性模型,深入研究了不完全信息条件下的复杂网络拓扑结构抗毁性。基于不完全信息条件下复杂网络拓扑结构抗毁性模型,对于特殊网络,在特定条件下,我们可以直接解析求解巨组元规模以及临界移除比例,但对于一般网络只能通过仿真得到相关抗毁性测度指标。这意味着对于一般复杂网络我们不能得到精确的抗毁性指标值,它取决于仿真的精度,这是现有基于统计物理抗毁性研究的最大不足。在第1章中我们曾介绍了很多基于传统图论的确定性抗毁性测度指标,但正如我们已经指出的那样,这些指标由于过度追求对抗毁性的精确刻画导致其计算都是 NP 问题。那么能否找到一个既能精确刻画复杂网络拓扑结构抗毁性又便于计算的测度指标呢? 这正是本章需要解决的问题。本章首先介绍复杂网络特征谱的相关概念及研究进展,然后定义基于特征谱的复杂网络抗毁性测度——自然连通度,证明其单调性,并和其他抗毁性测度指标进行比较,最后研究三类典型网络的自然连通度。

4.1 复杂网络的特征谱

简单无权图 G 可以用邻接矩阵(adjacency matrix)$A(G) = (a_{ij})_{N \times N}$ 表示,其中若 v_i 与 v_j 之间存在边,则 $a_{ij} = 1$,否则 $a_{ij} = 0$。若 G 为无向图,则 $A(G)$ 为对称矩阵。令 d_i 表示节点 v_i 的连接度,则图 G 的拉普拉斯矩阵(Laplace matrix)为 $L(G) = \hat{D}(G) - A(G)$,其中 $\hat{D}(G) = \text{diag}\{d_i\}$ 是由节点的度构成的对角矩阵。易知,$L(G)$ 为对称、半正定矩阵[329]。

令 $\lambda_1 \geq \lambda_2 \geq \cdots \geq \lambda_N$ 为 $A(G)$ 的特征根,称集合 $\{\lambda_i\}$ 为图 G 的邻接矩阵特征谱(spectrum);令 $\mu_1 \geq \mu_2 \geq \cdots \geq \mu_N$ 为 $L(G)$ 的特征根,称集合 $\{\mu_i\}$ 为图 G 的拉普拉斯特征谱。图的特征谱是代数图论的基本研究课题,已形成相当成熟的理论体系,参见专

著[330]。当 N 很大时,可以用谱密度(spectral density)来刻画特征谱的分布规律。邻接矩阵特征谱密度为

$$\rho_A(\lambda) = \frac{1}{N}\sum_{i=1}^{N}\delta(\lambda - \lambda_i) \tag{4.1}$$

其中

$$\delta(\lambda - \lambda_i) = \begin{cases} 1, & \lambda = \lambda_i \\ 0, & \lambda \neq \lambda_i \end{cases} \tag{4.2}$$

拉普拉斯特征谱密度为

$$\rho_L(\mu) = \frac{1}{N}\sum_{i=1}^{N}\delta(\mu - \mu_i) \tag{4.3}$$

其中

$$\delta(\mu - \mu_i) = \begin{cases} 1, & \mu = \mu_i \\ 0, & \mu \neq \mu_i \end{cases} \tag{4.4}$$

网络的特征谱就好比是网络的"指纹(fingerprint)",虽然网络与其特征谱并不是一一对应的,但网络的特征谱几乎包含了网络结构的所有信息,不同类型的网络有着截然不同的特征谱。因此,我们可以通过特征谱来刻画区分不同类型的网络。下面我们分别介绍随机网络、小世界网络、无标度网络的特征谱。

(1)随机网络的特征谱

关于随机网络的特征谱,最著名的结论就是半圆律(semicircle law),有时也称为 Wigner's law[331],即对于 Erdös-Rényi(ER)随机网络 $G_{N,p}$,如果 $p = cN^{-\tau}$ 且 $\tau < 1$,则当 $N \to \infty$ 时 $G_{N,p}$ 的邻接矩阵特征谱密度为

$$\rho(\lambda) = \begin{cases} \dfrac{2\sqrt{R^2 - \lambda^2}}{\pi R^2}, & |\lambda| \leqslant R \\ 0, & |\lambda| > R \end{cases} \tag{4.5}$$

其中 $R = 2\sqrt{Np(1-p)}$。此外,研究表明几乎一定 $\lambda_1 = Np$。图 4.1[332] 给出了 $G_{N,p}$ 的邻接矩阵特征谱密度,其中 $p = 0.05$,$N = 100$(虚线),$N = 300$(点划线),实线表示(4.5)式中的解析结果,图右部出现的"突起"表示最大特征根 λ_1。可以看出,当 N 较大时,随机网络的邻接矩阵特征谱密度很好地服从半圆律。

(2)小世界网络的特征谱

小世界网络介于规则环状格子和随机网络之间,通过调节重连概率 p 可以实现从规则环状格子到随机网络的渐变。图 4.2[332] 给出了不同重连概率条件下小世界网络的特征谱密度,其中 $N = 1000$,图(a)为 $p = 0$,图(b)为 $p = 0.01$,图(c)为 $p = 0.3$,图(d)为 $p = 1$。可以看出,当 $p < 1$ 时,小世界网络明显偏离半圆律。

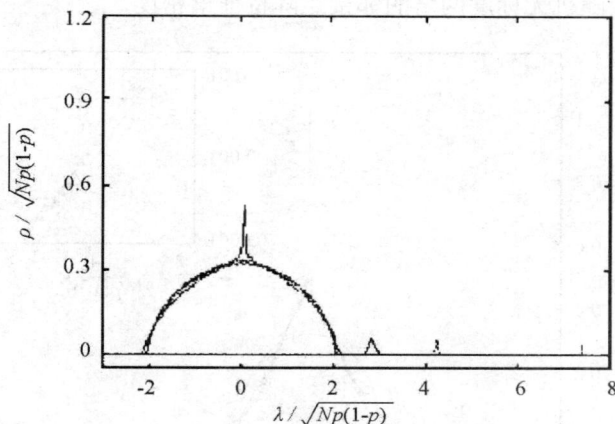

图 4.1　随机网络的邻接矩阵特征谱

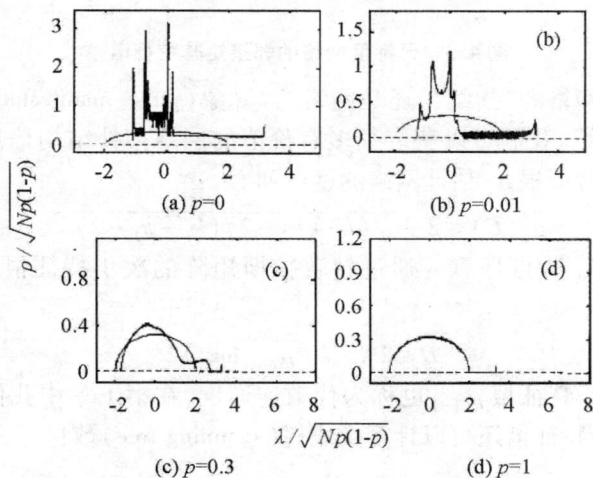

(a) $p=0$　　(b) $p=0.01$

(c) $p=0.3$　　(d) $p=1$

图 4.2　小世界网络的邻接矩阵特征谱

（3）无标度网络的特征谱

Farkas 等[332]最先研究了 BA 无标度网络的特征谱。他们发现当 N 很大时，BA 网络的谱密度在中间部分呈三角状，在两边呈幂律递减，如图 4.3[332]所示，其中 $N=100$（实线），$N=1000$（长虚线），$N=7000$（短虚线），$m=m_0=5$，插图为双对数坐标图，$N=40000$。Goh 等[333]也得到了类似的结果。之后，Dorogovtsev 等[334]解析给出了树状（tree-like）无标度网络的邻接矩阵特征谱密度，Rodgers 等[335]采用复制法（replica *method*）解析给出了随机无标度网络的邻接矩阵特征谱密度。

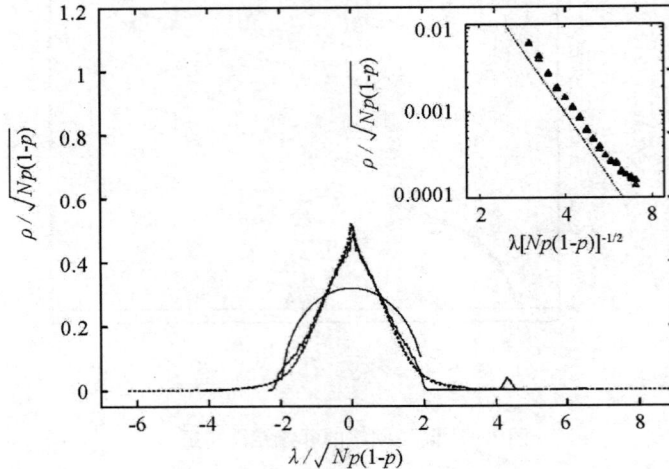

图 4.3　无标度网络的邻接矩阵特征谱

特征谱不仅是网络的"指纹"，还是网络的"脉象（pulse manifestation）"。通过特征谱对网络进行"把脉"，我们可以获取很多有价值的网络拓扑结构信息。例如，通过拉普拉斯矩阵的最大特征根 μ_1 估计网络的度序列[330]：

$$\mu_1(G) \leqslant 2 + \sqrt{(k_1 + k_2 - 2)(k_1 + k_3 - 2)} \qquad (4.6)$$

其中 $k_1 \geqslant k_2 \geqslant \cdots \geqslant k_N$ 为度序列。通过拉普拉斯矩阵的次小特征根 μ_{N-1} 估计网络的直径

$$D \leqslant 2\sqrt{2k_1/\mu_{N-1}}\log_2 N \qquad (4.7)$$

拉普拉斯矩阵的次小特征根 μ_{N-1} 也称为代数连通度，在第 1 章中我们已经详细介绍。此外，通过拉普拉斯特征谱还可以计算生成树（spanning tree）数目：

$$T(G) = \frac{1}{N}\mu_1\mu_2\cdots\mu_{N-1} \qquad (4.8)$$

上式也称为矩阵树定理（matrix tree theorem）。

复杂网络的拓扑结构决定其功能及动力学行为，从而特征谱也提供了复杂网络功能及其动力学行为的丰富信息。例如，Barahona 等[188]研究发现复杂动力系统的同步能力可以由其耦合矩阵的拉普拉斯特征根比 $R = \mu_1/\mu_{N-1}$ 决定，R 越小，系统越容易同步。此外，Newman 等[336]研究发现可以从复杂网络的特征谱挖掘出社团结构（community structure），Estrada 等研究发现节点的中心性[337]以及网络的二部性[135]也可从特征谱中得出。

那么,作为复杂网络的最重要结构属性之一,抗毁性与特征谱之间存在什么样的关系? 我们能否像中医把脉一样,仅通过复杂网络的特征谱就能"诊断"其抗毁性? 从前面的分析可以看出,目前关于网络的特征谱已经有了丰富的研究成果。如果我们能够建立合理有效的基于特征谱的抗毁性模型,也就是将抗毁性与特征谱联系起来,那么这势必会将复杂网络抗毁性研究带入一个广阔的研究空间。代数连通度[271]似乎是目前唯一的答案,在过去的三十多年里一直受到广泛关注。虽然代数连通度不像其他基于图论的抗毁性指标那样存在计算复杂性问题,但正如接下来我们要指出的,代数连通度存在明显弱点,不适合大规模复杂网络。

针对存在的问题,在下一节中,我们将给出一个新的答案——自然连通度。

4.2　复杂网络拓扑结构抗毁性的谱测度

4.2.1　自然连通度的定义

我们称图 $G = (V, E)$ 中节点和边的交替序列 $w = v_0 e_1 v_1 e_2 \cdots e_k v_k$ 为途径(walk),其中 $v_i \in V, e_i = (v_{i-1}, v_i) \in E, k$ 为途径 w 的长度,简单图中的途径 w 可简写为 $v_0 v_1 \cdots v_k$。若途径 w 中 $v_0 = v_k$,则称 w 为闭途径(closed walk);若途径 w 中 e_i 不重复,则称 w 为迹(trail);若迹 T 中 $v_0 = v_k$,则称 T 为闭迹(closed trail),有时也称为回路(circuit);若迹 T 中 v_i 不重复,则称 T 为路径(path)。若路径 P 中 $v_0 = v_k$,则称 P 为闭路径(closed path),有时也称为圈(cycle)。

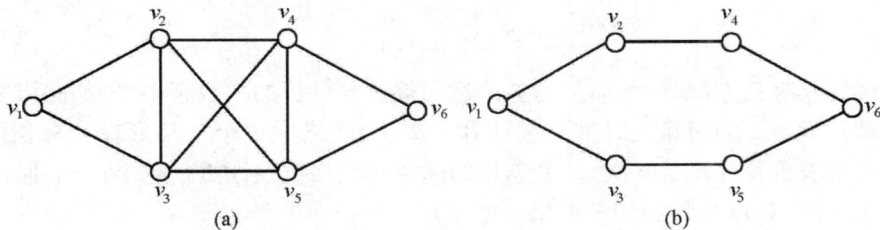

图 4.4　网络中的途径数目示意图

考虑图 4.4 中节点 v_1 和 v_6 之间的途径数目。在图 4.4(a)中,v_1 和 v_6 之间长度为 1 和 2 的途径数目为零;长度为 3 的途径有四条:$v_1 v_2 v_4 v_6$,$v_1 v_3 v_5 v_6$,$v_1 v_2 v_5 v_6$,$v_1 v_3 v_4 v_6$;长

度为 4 的途径有八条:$v_1v_2v_3v_5v_6$,$v_1v_2v_4v_5v_6$,$v_1v_3v_5v_4v_6$,$v_1v_3v_2v_4v_6$,$v_1v_2v_5v_4v_6$,$v_1v_3v_4v_5v_6$,$v_1v_2v_3v_4v_6$,$v_1v_3v_2v_5v_6$。在图 4.4(b)中,v_1 和 v_6 之间长度为 1、2 和 4 的途径数目为零;长度为 3 的途径有两条:$v_1v_2v_4v_6$,$v_1v_3v_5v_6$。显然,图 4.4(a)中 v_1 和 v_6 之间连接的抗毁性更强,因为两个节点之间存在更多的替代途径(alternative walk),当网络中部分节点或者边失效后,v_1 和 v_6 之间还能继续保持连通。

通过上面的例子可以看出,节点之间连接的抗毁性来源于节点之间替代途径的冗余性。由此推广开去,我们可以认为网络的抗毁性来源于网络中替代途径的冗余性。那么,如何度量网络中替代途径的冗余性呢? 直观上来说,我们可以统计任意节点对 $v_i \leftrightarrow v_j$ 之间长度为 k 的途径数目 n_{ij}^k,然后对 i,j,k 求和,即

$$S = \sum_{i=1}^{N} \sum_{j=1}^{N} \sum_{k=0}^{\infty} n_{ij}^k \tag{4.9}$$

但由于 n_{ij}^k 很难计算,S 将是一个复杂的表达式。鉴于此,我们采取另外一种解决方案,即用网络中闭途径的数目来度量网络中替代路径的冗余性。闭途径数目是网络的一个基本属性,它与网络中的子图直接对应。例如,网络中长度为 2 的闭途径对应网络中的边,长度为 3 的闭途径对应网络中的三角形。Estrada 等曾利用网络中的闭途径数目来测度节点的中心性[337]以及网络的二部性[135]。

令 n_i^k 表示起点和终点为 v_i 长度为 k 的闭途径数目,然后对 i,k 求和,即

$$S = \sum_{i=1}^{N} \sum_{k=0}^{\infty} n_i^k = \sum_{k=0}^{\infty} \sum_{i=1}^{N} n_i^k = \sum_{k=0}^{\infty} n_k \tag{4.10}$$

其中 n_k 表示网络中所有长度为 k 的闭途径数目。S 越大,说明网络中替代路径的冗余性越高,网络的抗毁性就越强。注意到网络中的途径允许节点和边重复,这意味着闭途径的长度可以为任意长度,因此 $S \to \infty$。为了克服这个问题,我们考虑对 n_k 进行加权,即

$$S' = \sum_{k=0}^{\infty} \frac{n_k}{k!} \tag{4.11}$$

选择这样加权有三方面原因:(1)越长的途径被重复计算的次数越多,例如网络中一条边在计算长度为 2 的闭途径时被重复计算了 2 次,网络中一个三角形在计算长度为 3 的闭途径时被重复计算了 6 次;(2)越长的途径对网络抗毁性贡献越小;(3)保证 S 收敛。为了化简(4.11)式,我们先给出一个引理。

引理 4.1[330] $\quad n_k = \sum_{i=1}^{N} \lambda_i^k$,其中 n_k 表示网络中所有长度为 k 的闭途径数目。

证明 由闭途径的定义可知:

$$n_k = \sum_{i=1}^{N} n_i^k = \sum_{i=1}^{N} (A^k)_{ii} = \text{trace}(A^k) \tag{4.12}$$

其中 trace(A^k) 表示矩阵 A^k 的迹(trace)。令 $\lambda'_1 \geq \lambda'_2 \geq \cdots \geq \lambda'_N$ 为 A^k 的特征根。因为 $Ax = \lambda_i x$，所以

$$A^2 x = AAx = A(\lambda_i x) = \lambda_i Ax = \lambda_i^2 x$$

$$A^3 x = AA^2 x = A\lambda_i^2 x = \lambda_i^2 Ax = \lambda_i^3 x \qquad (4.13)$$

$$\vdots$$

$$A^k x = AA^{k-1} x = A\lambda_i^{k-1} x = \lambda_i^{k-1} Ax = \lambda_i^k x$$

从而

$$\lambda'_1 = \lambda_1^k, \lambda'_2 = \lambda_2^k, \cdots, \lambda'_N = \lambda_N^k \qquad (4.14)$$

又因为矩阵的迹等于其特征根之和，所以

$$n_k = \text{trace}(A^k) = \sum_{i=1}^{N} \lambda'_i = \sum_{i=1}^{N} \lambda_i^k \qquad (4.15)$$

证毕。

将(4.15)式代入(4.11)式，得

$$S' = \sum_{k=0}^{\infty} \frac{n_k}{k!} = \sum_{k=0}^{\infty} \frac{\sum_{i=1}^{N} \lambda_i^k}{k!} = \sum_{i=1}^{N} \sum_{k=0}^{\infty} \frac{\lambda_i^k}{k!} = \sum_{i=1}^{N} e^{\lambda_i} \qquad (4.16)$$

这表明闭途径数目的加权和可通过特征谱直接得到。注意到当 N 很大时 S 将是一个庞大的数字，我们考虑对 S 重新标度，并记为 $\bar{\lambda}$，即

$$\bar{\lambda} = \ln\left(\frac{S'}{N}\right) = \ln\left(\frac{1}{N} \sum_{i=1}^{N} e^{\lambda_i}\right) \qquad (4.17)$$

从数学形式上来看，$\bar{\lambda}$ 是所有特征根关于自然指数和自然对数的特殊平均值，所以我们将其称为自然连通度或者自然特征根。

定义 4.1　我们称

$$\bar{\lambda} = \ln\left(\frac{1}{N} \sum_{i=1}^{N} e^{\lambda_i}\right) \qquad (4.18)$$

为图 G 的自然连通度，其中 λ_i 为图 G 邻接矩阵 $A(G)$ 的特征根。

显然，$\lambda_1 \geq \bar{\lambda} \geq \lambda_N$。

当 N 很大时，对 λ_i 作连续近似，(4.18)式可写成谱密度形式

$$\bar{\lambda} = \ln\left(\int_{-\infty}^{+\infty} \rho(\lambda) e^{\lambda} d\lambda\right) = \ln(M_{\lambda}(1)) \qquad (4.19)$$

其中 $\rho(\lambda)$ 为谱密度，$M_{\lambda}(x)$ 为 $\rho(\lambda)$ 的矩母函数(moment generation function)。

4.2.2　自然连通度的单调性

单调性是抗毁性指标的基本要求,我们总是希望添加边不会使得网络的抗毁性降低,或者移除边不会使得网络的抗毁性提高。绝大多数抗毁性指标都能满足单调性,但不一定是严格单调的。举个例子,如图4.5所示,图(b)是通过图(a)添加一条边得到,直观上图(b)显然要比图(a)抗毁性强。但是,两个图的点连通度都为1,边连通度为2,代数连通度都为0.7639。如果用自然连通度来测度两个图的抗毁性,其值分别为1.0878和1.3508,从而区分了两者的抗毁性。下面,我们将证明自然连通度关于添加边或移除边是严格单调的,这意味着自然连通度能够精确刻画网络抗毁性的细微差别。

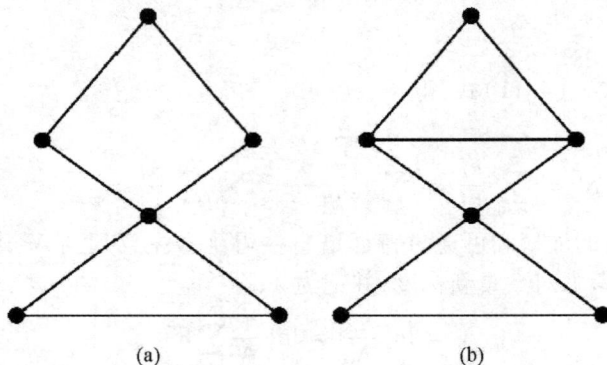

图4.5　自然连通度的单调性

定理4.1　$\bar{\lambda}(G+e) > \bar{\lambda}(G)$,其中$G+e$表示由图$G$添加一条边$e$得到的图。

证明　令$\hat{n}_k = \hat{n}'_k + \hat{n}''_k$表示$G+e$中长度为$k$的闭途径数目,其中$\hat{n}'_k$表示包含$e$的长度为$k$的闭途径数目,$\hat{n}''_k$表示不包含$e$的长度为$k$的闭途径数目。显然,$\hat{n}'_k \geq 0$,$\hat{n}''_k = n_k$,从而$\hat{n}_k \geq n_k$。易知,存在$k$使得$\hat{n}_k > n_k$。例如,$n_2 = 2W$,$\hat{n}_2 = 2(W+1)$,其中$W$为图$G$中边的数量,从而$\hat{n}_2 - n_2 = 2 > 0$。因此

$$\bar{\lambda}(G+e) = \sum_{k=0}^{\infty} \frac{\hat{n}_k}{k!} > \sum_{k=0}^{\infty} \frac{n_k}{k!} = \bar{\lambda}(G) \tag{4.20}$$

证毕。

由定理4.1我们可以直接得到如下推论:

推论4.1　$\bar{\lambda}(G-e) < \bar{\lambda}(G)$,其中$G-e$表示由图$G$移除一条边$e$得到的图。

由定理4.1和推论4.1可知,当节点数量给定时,空图(empty graph)的自然连通度最小,完全图(complete graph)的自然连通度最大。对于空图,$\lambda_1 = \lambda_2 = \cdots = \lambda_N = 0$;对

于完全图,$\lambda_1 = N-1, \lambda_2 = \lambda_3 = \cdots \lambda_N = -1$。因此,我们可得如下定理:

定理 4.2　$0 \leqslant \bar{\lambda} \leqslant \ln[e^{N-1} + (N-1)e^{-1}] - \ln N$。

当 N 很大时,$e^{N-1} \gg (N-1)e^{-1}, N \approx N-1$。因此,定理 4.2 可写为

$$0 \leqslant \bar{\lambda} \leqslant N - \ln N \qquad (4.21)$$

定理 4.2 给出了相同规模网络自然连通度的上界和下界。对于不同规模网络,我们可以通过该上界和下界归一化来消除网络规模对自然连通度的影响。

定义 4.2　我们称

$$\tilde{\lambda} = \frac{\bar{\lambda}}{N - \ln N} \qquad (4.22)$$

为图 G 的标准自然连通度,其中 $\bar{\lambda}$ 为图 G 自然连通度。

显然,$0 \leqslant \tilde{\lambda} \leqslant 1$。

4.2.3　与其他抗毁性测度的比较

为了深入分析自然连通度并将它与其他抗毁性测度,我们考虑如下四种边移除策略:

(1)随机策略:随机移除边;

(2)富富策略:按照 $d_i d_j$ 从大到小的次序移除边,其中 d_i, d_j 分别表示边所连接节点的度;

(3)穷穷策略:按照 $d_i d_j$ 从小到大的次序移除边,其中 d_i, d_j 分别表示边所连接节点的度;

(4)富穷策略:按照 $|d_i - d_j|$ 从大到小的次序移除边,其中 d_i, d_j 分别表示边所连接节点的度。

我们利用 BA 模型产生初始网络,其中 $N = 1000, m = m_0 = 3, \langle k \rangle = 6$。图 4.6 分别给出了边连通度 $\kappa_E(G)$(图(a))、代数连通度 μ_{N-1}(图(b))、随机失效临界移除比例 f_c^{RF} 图((c))、自然连通度 $\bar{\lambda}$(图(d))在不同边移除策略下随边移除数量的变化结果,其中方块表示富富策略,三角形表示富穷策略,圆圈表示随机策略,菱形表示穷穷策略,所有结果均为 100 次实验的平均值。我们期望抗毁性指标能够随着边的移除不断降低,而且能够准确刻画出不同移除策略的效果差异。

从图 4.6(a)和(b)可看出,边连通度 $\kappa_E(G)$ 和代数连通度 μ_{N-1} 的结果非常相似。当按照穷穷策略移除少量边后,$\kappa_E(G)$ 和 μ_{N-1} 迅速下降。但是,当按照富富策略移除少量边时,$\kappa_E(G)$ 和 μ_{N-1} 的值变化很小。这显然与我们的直观判断不相符。因为,一般我们认为度很大节点之间,也就是核心节点与核心节点之间的边对抗毁性影响大,度很小

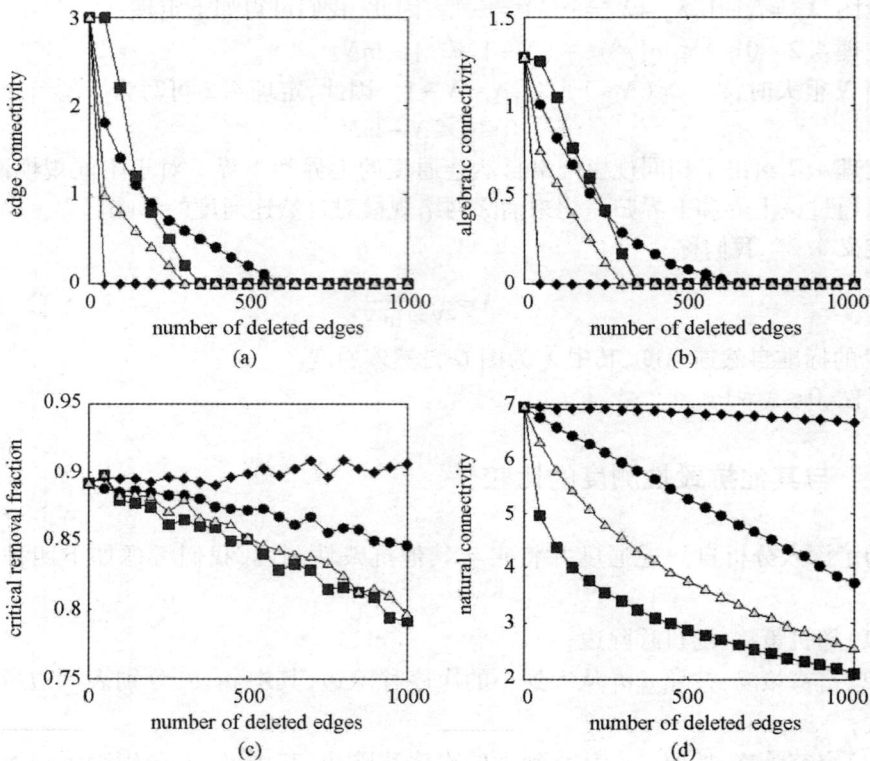

图 4.6　不同抗毁性测度指标比较结果

节点之间,也就是末梢节点与末梢节点之间的边对抗毁性影响小。例如,在因特网中,核心路由器之间的骨干链路一旦中断,整个网络就会崩溃,但两台终端电脑之间的链路中断不会有什么影响。实际上,图 4.6(a)和(b)中的结果可以通过 Fiedler 不等式[271] $\mu_{N-1} \leqslant \kappa_V(G) \leqslant \kappa_E(G) \leqslant m(G)$ 来解释。由 Fiedler 不等式可知,边连通度 $\kappa_E(G)$ 和代数连通度 μ_{N-1} 以最小度为上界。当我们移除度很小节点之间的边时,网络中节点的最小度会迅速减小,从而导致 $\kappa_E(G)$ 和 μ_{N-1} 迅速下降。但是,当我们移除度很大节点之间的边时,网络中节点的最小度基本不变,所以 $\kappa_E(G)$ 和 μ_{N-1} 变化很小。在大规模复杂网络,特别是具有幂律度分布的无标度网络中,度很小的末梢节点大量存在,网络的最小度差异很小。因此,如果用边连通度和代数连通度来测度复杂网络的抗毁性意义不大。此外,从图 4.6(a)和(b)还可看出,不管哪种移除策略,当边移除数量达到某个值后,$\kappa_E(G)$ 和 μ_{N-1} 都变为 0。这是因为随着边移除数量的增加,网络开始不再连通。而对于不连通图,$\kappa_E(G)$ 和 μ_{N-1} 的值均为 0。这意味着,边连通度和代数连通度仅对连通图有效。而实际上对于大规模复杂网络,经常会有少量节点被分离出来,这时边连通度和代数连通度就不再有效。

从图 4.6(c)可看出,临界移除比例 f_c^{RF} 与边连通度 $\kappa_E(G)$ 和代数连通度 μ_{N-1} 的结果有很大不同。当按照富富策略移除边时,f_c^{RF} 下降最快;当按照穷穷策略移除边时 f_c^{RF} 几乎不受影响。这与我们的直观判断是一致的。但同时我们也可看到,即使经过 100 次实验取平均值,f_c^{RF} 随边移除数量的变化图仍然存在很不规则的波动。这是因为 f_c^{RF} 是基于仿真得到的,其精度决定于仿真次数和网络规模。当网络规模不是非常大时,f_c^{RF} 的误差很大。

图 4.6(d)给出了自然连通度 $\bar{\lambda}$ 随边移除数量的变化图。可以看出,自然连通度能够准确、清晰地刻画出不同移除策略的效果差异,而且对于不连通图仍然有效。在自然连通度测度下,不同边移除策略的效果排序为:富富策略＞富穷策略＞随机策略＞穷穷策略,这与我们的直观判断是一致的。此外,我们可以看出图 4.6(d)中的变化曲线异常光滑,这表明自然连通度能够敏感地、稳定地测度抗毁性的变化。事实上,我们发现即使不通过多次实验取平均值,自然连通度的变化曲线也足够光滑,而这时边连通度和代数连通度将呈阶梯状跳跃,临界移除比例剧烈波动。

4.3　典型网络的自然连通度

本节中,我们将解析给出三类典型网络的自然连通度:规则环状格子、随机网络、无标度网络。

4.3.1　规则环状格子的自然连通度

若图 G 中节点的度均为 k,则称 G 为 k-正则图。我们考虑第 1 章中介绍过的特殊正则图——规则环状格子,即网络中 N 个节点围成一圈,每个节点只与它最近的 $2K$ 个节点连接(左右各 K 个节点),我们将其记为 $R_{N,2K}$。

由定义易知,规则环状格子的邻接矩阵是轮换矩阵(circulant matrix)。在线性代数中,轮换矩阵是一种特殊形式的托伯利兹矩阵(Toeplitz matrix),它的行向量的每个元素都是前一个行向量各元素依次右移一个位置得到的结果,即

$$A = \begin{bmatrix} c_0 & c_1 & \cdots & c_{N-1} \\ c_{N-1} & c_0 & \cdots & c_{N-2} \\ \vdots & \vdots & & \vdots \\ c_1 & c_2 & \cdots & c_0 \end{bmatrix} \qquad (4.23)$$

在规则环状格子 $R_{N,2K}$ 中,有

$$c_k = \begin{cases} 0, & k = 0 \text{ 或者 } K < k < N - K \\ 1, & 1 \leqslant k \leqslant K \text{ 或者 } N - K \leqslant k \leqslant N - 1 \end{cases} \quad (4.24)$$

我们先给出关于轮换矩阵特征根的引理。

引理 4.2[338]   若矩阵 A 为轮换矩阵,则其特征根为

$$\lambda_j = \sum_{k=0}^{N-1} c_k \exp\left(-\frac{2\pi i k(j-1)}{N}\right), \quad j = 1, 2, \cdots, N \quad (4.25)$$

其中 $i = \sqrt{-1}$ 为虚数单位。

将(4.24)式代入(4.25)式,利用欧拉公式得

$$\lambda_j = \sum_{k=1}^{K} \exp\left[-\frac{2\pi i k(j-1)}{N}\right] + \sum_{k=N-K}^{N-1} \exp\left[-\frac{2\pi i k(j-1)}{N}\right]$$

$$= \sum_{k=1}^{K} 2\cos\left[\frac{2\pi k(j-1)}{N}\right], \quad j = 1, 2, \cdots, N \quad (4.26)$$

将(4.26)式代入(4.18)式,得

$$\bar{\lambda} = \ln\left\{\frac{1}{N}\sum_{j=1}^{N}\exp\left[\sum_{k=1}^{K} 2\cos\left(\frac{2\pi k(j-1)}{N}\right)\right]\right\} \quad (4.27)$$

为了化简(4.27)式,我们需要引入广义贝塞尔函数(generalized Bessel function)。

贝塞尔函数(Bessel function)是数学上的一类特殊函数的总称[339]。通常所说的贝塞尔函数指第一类贝塞尔函数 $J_\alpha(x)$(Bessel function of the first kind)。它是下列常微分方程(一般称为贝塞尔方程)的标准解函数:

$$x^2 \frac{d^2 y}{dx^2} + x \frac{dy}{dx} + (x^2 - \alpha^2) y = 0 \quad (4.28)$$

贝塞尔函数的具体形式随 α 变化而变化,相应地,α 被称为贝塞尔函数的阶数。实际应用中最常见的情形为 α 是整数 n,对应的解函数称为 n 阶贝塞尔函数。n 阶贝塞尔函数可以表述成如下积分形式:

$$J_n(x) = \frac{1}{\pi}\int_0^\pi \cos(n\tau - x\sin\tau)\,d\tau \quad (4.29)$$

n 阶贝塞尔函数可推广至多变量的广义贝塞尔函数[340]:

$$J_n(x_1, x_2, \cdots, x_M) = \frac{1}{\pi}\int_0^\pi \cos(n\tau - x_1\sin(\tau) - x_2\sin(2\tau) - \cdots - x_M\sin(M\tau))\,d\tau$$

$$(4.30)$$

当变量为复数式时,可定义变形第一类贝塞尔函数(modified Bessel functions of the first kind):

$$I_\alpha(x) = \mathrm{i}^{-\alpha} J_\alpha(\mathrm{i}x) \tag{4.31}$$

它是变形贝塞尔方程的标准解函数:

$$x^2 \frac{\mathrm{d}^2 y}{\mathrm{d}x^2} + x \frac{\mathrm{d}y}{\mathrm{d}x} - (x^2 + \alpha^2)y = 0 \tag{4.32}$$

n 阶变形第一类贝塞尔函数可推广至多变量的广义变形第一类贝塞尔函数:

$$I_n(x_1, x_2, \cdots, x_M) = \frac{1}{\pi} \int_0^\pi \cos(n\tau) \exp\Big[\sum_{s=1}^M x_s \cos(s\tau) \Big] \mathrm{d}\tau \tag{4.33}$$

下面是变形第一类贝塞尔函数的一些重要性质[325,340]:

$$I_\alpha(x) = \frac{(x/2)^\alpha}{\pi^{1/2} \Gamma(\alpha + 1/2)} \int_0^\pi e^{x\cos(\theta)} \sin^{2\alpha}(\theta) \mathrm{d}\theta \tag{4.34}$$

$$I_n(x_1, x_2, \cdots, x_M) = I_{-n}(x_1, x_2, \cdots, x_M) \tag{4.35}$$

$$I_n(x_1, x_2, \cdots, x_M) \to 0, \, \text{当} \, n \to \infty \tag{4.36}$$

$$\sum_{n=-\infty}^\infty e^{\mathrm{i}n\tau} I_n(x_1, x_2, \cdots, x_M) = \exp\Big[\sum_{s=1}^M x_s \cos(s\tau) \Big] \tag{4.37}$$

$$I_n(x_1, x_2, \cdots, x_M) = \sum_{l=-\infty}^\infty I_{n-Ml}(x_1, x_2, \cdots, x_{M-1}) I_l(x_M) \tag{4.38}$$

由 (4.37) 式, (4.27) 式可写为

$$\bar{\lambda} = \ln\Big[\frac{1}{N} \sum_{j=1}^N \sum_{n=-\infty}^\infty \exp\Big(\mathrm{i}n \frac{2\pi(j-1)}{N} \Big) I_n(\overbrace{2,2,\cdots,2}^K) \Big]$$

$$= \ln\Big[\frac{1}{N} \sum_{n=-\infty}^\infty I_n(\overbrace{2,2,\cdots,2}^K) \sum_{j=1}^N \exp\Big(\mathrm{i}n \frac{2\pi(j-1)}{N} \Big) \Big] \tag{4.39}$$

又因为

$$\frac{1}{N} \sum_{j=1}^N \exp\Big[\mathrm{i} \frac{2\pi n(j-1)}{N} \Big]$$

$$= \frac{1}{N} \sum_{j=1}^N \cos\Big[\frac{2\pi n(j-1)}{N} \Big] + i \frac{1}{N} \sum_{j=1}^N \sin\Big[\frac{2\pi n(j-1)}{N} \Big]$$

$$= \delta_{n,Nt} \tag{4.40}$$

其中 $\delta_{n,Nt}$ 为 Kronecker delta 函数, 即若 $n = Nt$ 则 $\delta_{n,Nt} = 1$, 若 $n \neq Nt$ 则 $\delta_{n,Nt} = 0$, $t \in \mathbb{Z}$ 为任意整数。因此, (4.39) 式化简为

$$\bar{\lambda} = \ln\Big[\sum_{n=-\infty}^\infty I_n(\overbrace{2,2,\cdots,2}^K) \cdot \delta(n - Nt) \Big]$$

$$= \ln\Big[2 \sum_{t=1}^\infty I_{Nt}(\overbrace{2,2,\cdots,2}^K) + I_0(\overbrace{2,2,\cdots,2}^K) \Big] \tag{4.41}$$

又由(4.36)式可知,当 $N \to \infty$ 时, $I_{N_i}(\overbrace{2,2,\cdots,2}^{K}) \to 0$。因此,我们得到如下定理:

定理4.3　规则环状格子 $R_{N,2K}$ 的自然连通度为

$$\bar{\lambda}_{RRL_{N,2K}} = \ln[I_0(\overbrace{2,2,\cdots,2}^{K}) + o(1)] \tag{4.42}$$

其中当 $N \to \infty$ 时, $o(1) \to 0$。

注意到圈图 C_N 是特殊的规则环状格子($K=1$),我们可以由定理4.3得到如下推论:

推论4.2　圈图 C_N 的自然连通度为

$$\bar{\lambda}_{C_N} = \ln[I_0(2) + o(1)] \tag{4.43}$$

其中当 $N \to \infty$ 时, $o(1) \to 0$。

由定理4.3可看出,当 N 很大时,规则环状格子 $R_{N,2K}$ 的自然连通度仅与 K 有关,与 N 无关。这与我们直观判断是相符的,从而进一步说明了自然通度定义的合理性。为了验证定理4.3,我们在图4.7(a)中给出了规则环状格子的自然连通度与网络规模 N 的关系;在图4.7(b)中给出了规则环状格子的自然连通度与 K 的关系。实线为(4.42)式给出的解析结果。可以看出,当 N 充分大时,仿真结果与解析结果吻合非常好。

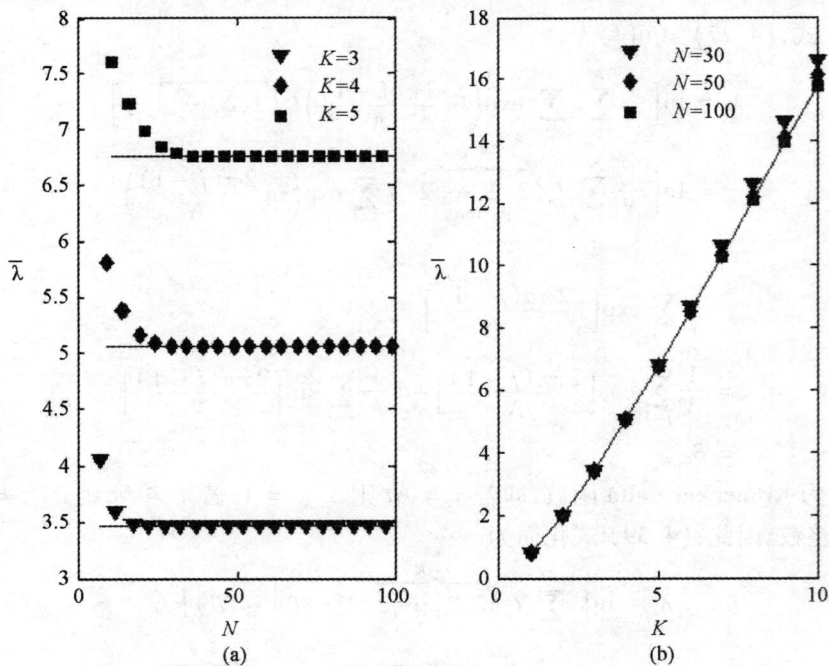

图4.7　规则环状格子的自然连通度

4.3.2　随机网络的自然连通度

在第 1 章中我们已经介绍过,如果 $p < \ln N / N$,则随机网络 $G_{N,p}$ 几乎一定不连通,如果 $p \geqslant \ln N / N$,则随机网络 $G_{N,p}$ 几乎一定连通。本节中,我们仅关注连通随机网络的自然连通度,即假设 $p \geqslant \ln N / N$。

根据 4.1 节的介绍可知,随机网络谱密度的主体部分(bulk part)满足半圆率,最大值几乎一定 $\lambda_1 = Np$。于是,根据(4.19)式可得随机网络的自然连通度:

$$\bar{\lambda} = \ln\left[\int_{-R}^{+R} \rho(\lambda) e^{\lambda} \mathrm{d}\lambda + e^{\lambda_1}/N\right] = \ln\left[M_{\lambda}(1) + e^{Np}/N\right] \tag{4.44}$$

其中

$$M_{\lambda}(1) = \int_{-R}^{+R} \frac{2\sqrt{R^2 - \lambda^2}}{\pi R^2} e^{\lambda} \mathrm{d}\lambda = \frac{2}{\pi} \int_{-R}^{+R} \frac{\sqrt{R^2 - \lambda^2}}{R^2} e^{\lambda} \mathrm{d}\lambda \tag{4.45}$$

$$R = 2\sqrt{Np(1-p)} \tag{4.46}$$

令 $\lambda = R\cos(\theta)$,则(4.45)式变形为

$$M_{\lambda}(1) = \frac{2}{\pi} \int_0^{\pi} e^{R\cos(\theta)} \sin^2(\theta) \mathrm{d}\theta \tag{4.47}$$

由上一小节中介绍的变形第一类贝塞尔函数的性质(4.34)式,可知

$$I_1(R) = \frac{R}{\pi} \int_0^{\pi} e^{R\cos(\theta)} \sin^2(\theta) \mathrm{d}\theta \tag{4.48}$$

因此,(4.47)式化简为

$$M_{\lambda}(1) = 2I_1(R)/R \tag{4.49}$$

将(4.49)式代入(4.44)式,得

$$\bar{\lambda} = \ln\left[2\frac{I_1(R)}{R} + \frac{e^{Np}}{N}\right] = Np - \ln(N) + \ln\left[1 + 2\frac{NI_1(R)}{e^{Np}R}\right]$$
$$= Np - \ln(N) + \ln[1 + f(p)] \tag{4.50}$$

其中

$$f(p) = \frac{2NI_1(R)}{Re^{Np}} \tag{4.51}$$

为了进一步化简(4.50)式,我们需要给出两个引理。

引理 4.3　令 $f(p) = 2NI_1(R)/(e^{Np}R)$,则当 $N \to \infty$ 时,$f(p)$ 是关于 p 的单调减函数,其中 $\frac{1}{N}\ln N \leqslant p \leqslant 1 - \frac{1}{N}\ln N$。

证明 因为 $R = 2\sqrt{Np(1-p)}$，易知当 $\frac{1}{N}\ln N \leqslant p \leqslant 1 - \frac{1}{N}\ln N$ 时，有

$$2\sqrt{\ln N(1 - \ln N/N)} \leqslant R \leqslant \sqrt{N} \tag{4.52}$$

因此，当 $N \to \infty$ 时，$R \to \infty$。注意到当 $x \gg |\alpha^2 - 1/4|$，$I_\alpha(x)$ 具有渐进表达式[339]：

$$I_\alpha(x) \to \frac{1}{\sqrt{2\pi x}} e^x \tag{4.53}$$

因此，可得

$$I_1(R) \to \frac{1}{\sqrt{2\pi R}} e^R \tag{4.54}$$

从而

$$f(p) = \frac{2NI_1(R)}{Re^{Np}} \to N\sqrt{\frac{2}{\pi}} \frac{e^{R-Np}}{R^{3/2}} \tag{4.55}$$

对 $f(p)$ 求导，得

$$f'(p) \to N\sqrt{\frac{2}{\pi}} \frac{e^{R-Np}\left(\frac{\mathrm{d}R}{\mathrm{d}p} - N\right)R^{3/2} - \frac{3}{2}R^{1/2}\frac{\mathrm{d}R}{\mathrm{d}p}e^{R-Np}}{R^3}$$

$$= \frac{Ne^{R-Np}}{R^{5/2}}\sqrt{\frac{2}{\pi}}\left[\left(\frac{2N(1-2p)}{R} - N\right)R - \frac{3N(1-2p)}{R}\right]$$

$$= \frac{N^2 e^{R-Np}}{R^{5/2}}\sqrt{\frac{2}{\pi}}\left(2 - 4p - R - \frac{3(1-2p)}{R}\right) < 0 \tag{4.56}$$

因此，当 $\frac{1}{N}\ln N \leqslant p \leqslant 1 - \frac{1}{N}\ln N$ 时，$f(p)$ 是关于 p 的单调递减函数。证毕。

引理 4.4 令 $p_c = \zeta/N$，则当 $N \to \infty$ 时，$f(p_c) \to 0$，其中 $\zeta = (\sqrt{\ln N + 1} + 1)^2$。

证明 易知，当 $N \to \infty$ 时，$\zeta = (\sqrt{\ln N + 1} + 1)^2 \to \ln N$，所以当 $N \to \infty$ 时，$p_c = \zeta/N \to 0$，从而 $1 - p_c \to 1$。因此，当 $N \to \infty$ 时，有

$$R_{p_c} \to 2\sqrt{\zeta} = 2(\sqrt{\ln N + 1} + 1) \tag{4.57}$$

将(4.57)式代入(4.55)式，可得

$$f(p_c) \to N\sqrt{\frac{2}{\pi}} \cdot \frac{e^{R_{p_c} - Np_c}}{R_{p_c}^{3/2}} = N\sqrt{\frac{2}{\pi}} \cdot \frac{e^{2(\sqrt{\ln N + 1} + 1) - (\sqrt{\ln N + 1} + 1)^2}}{(2(\sqrt{\ln N + 1} + 1))^{3/2}}$$

$$= \frac{N}{2\sqrt{\pi}} \cdot \frac{e^{-\ln N}}{(\sqrt{\ln N + 1} + 1)^{3/2}} = \frac{1}{2\sqrt{\pi}(\sqrt{\ln N + 1} + 1)^{3/2}} \to 0 \tag{4.58}$$

证毕。

由引理 4.3 和 4.4 易知,当 $N \to \infty$ 时,$f(p) \leq f(p_c) \to 0$,其中 $p_c \leq p \leq 1 - p_c$。又因为

$$f(p) \to N \sqrt{\frac{2}{\pi} \frac{e^{R-Np}}{R^{3/2}}} \geq 0 \tag{4.59}$$

因此,当 $N \to \infty$ 时,$f(p) \to 0$。

定理 4.4　若 $\zeta/N \leq p \leq 1 - \zeta/N$,其中 $\zeta = (\sqrt{\ln N + 1} + 1)^2$,则随机网络 $G_{N,p}$ 的自然连通度几乎一定为

$$\bar{\lambda} = Np - \ln(N) + o(1) \tag{4.60}$$

其中当 $N \to \infty$ 时,$o(1) \to 0$。

由定理 4.4 可看出,给定网络规模 N,随机网络 $G_{N,p}$ 的自然连通度随着边连接概率 p 线性增长。注意到 $\langle k \rangle \approx Np$,因此,给定网络规模 N,随机网络 $G_{N,p}$ 的自然连通度也随着平均度 $\langle k \rangle$ 线性增长。为了验证定理 4.4,我们在图 4.8(a) 中给出了随机网络的自然连通度与边连接概率 p 的关系,在图 4.8(b) 中给出了随机网络的自然连通度与网络规模 N 的关系,其中实线为 (4.60) 式给出的解析结果,仿真结果为 100 次实验的平均值。可以看出,仿真结果与解析结果吻合非常好。

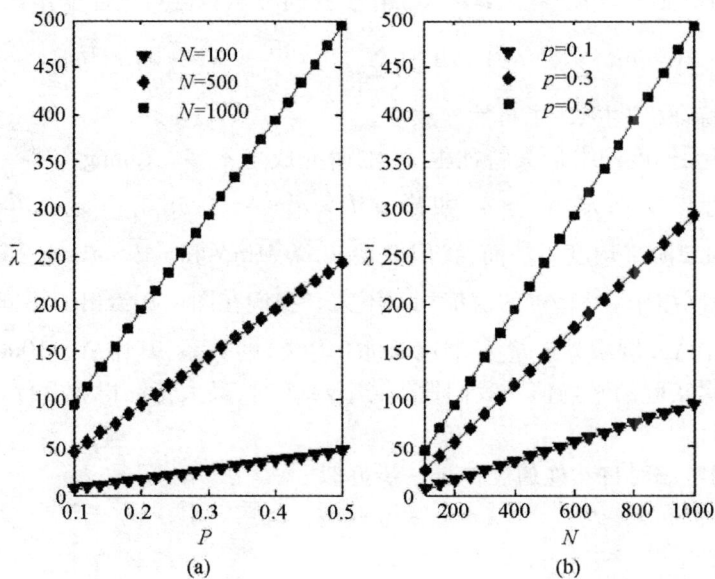

图 4.8　随机网络的自然连通度

4.3.3　无标度网络的自然连通度

下面,我们研究无标度网络的自然连通度。这里,我们采用 Chung 等提出的扩展随机网络[112](参见 1.2.1.3 节) 生成无标度网络。给定度序列 $w_1 \geqslant w_2 \geqslant \cdots \geqslant w_N$,其中 $w_i = ci^{-1/(\gamma-1)}$, $m = w_N$ 为最小度, $M = c = w_1 = mN^{1/(\gamma-1)}$,为最大度, $\gamma > 2$。由定理 2.5 易知,生成网络的度分布为

$$p(k) = (\gamma - 1)m^{\gamma-1}k^{-\gamma} \tag{4.61}$$

平均度为

$$\langle k \rangle = m\frac{\gamma - 1}{\gamma - 2} \tag{4.62}$$

虽然目前关于无标度网络特征谱的研究成果很多(参见 4.1 节),但是仍然不能解析得到无标度网络所有特征根。因此,很难直接解析给出无标度网络的自然连通度。在此,我们考虑无标度网络自然连通度的近似值。观察自然连通度的定义可知,如果 $\lambda_1 \geqslant \lambda_2 \geqslant \cdots \geqslant \lambda_N$,则 $e^{\lambda_1} \geqslant e^{\lambda_2} \geqslant \cdots \geqslant e^{\lambda_N}$。因此,我们考虑对自然连通度作如下近似

$$\bar{\lambda} = \ln\left(\sum_{i=1}^{N} e^{\lambda_i}/N\right) = \ln\left[\left(\sum_{i=2}^{N} e^{\lambda_i} + e^{\lambda_1}\right)/N\right] \approx \lambda_1 - \ln N \tag{4.63}$$

这意味着最大特征根"主宰"了自然连通度。

目前,关于无标度网络最大特征根 λ_1 的研究成果不多。Chung 等[149]证明了如果 $\tilde{d} > \sqrt{M}\ln N$,则几乎一定 $\lambda_1 = \tilde{d}$,如果 $\sqrt{M} > \tilde{d}\ln^2 N$,则几乎一定 $\lambda_1 = \sqrt{M}$,其中 $\tilde{d} = \langle k^2 \rangle/\langle k \rangle$ 为二阶平均度。然而,我们发现 $\tilde{d} > \sqrt{M}\ln N$ 和 $\sqrt{M} > \tilde{d}\ln^2 N$ 都是非常强的条件,在大多数网络中 $\tilde{d}$ 和 $\sqrt{M}$ 的值都相差不大。我们在图 4.9 给出了不同标度参数 γ 的无标度网络中 λ_1(圆圈) 与 $\tilde{d}$(实线) 和 $\sqrt{M}$(虚线) 的关系,其中 $N = 1000$, $m = 10$,所得结果为 100 次实验的平均值。我们发现,当 $\gamma \geqslant 3$ 时,最大特征根 λ_1 可以很好地由二阶平均度 $\tilde{d}$ 估计。

因此,我们考虑对自然连通度作进一步近似

$$\bar{\lambda} \approx \lambda_1 - \ln N \approx \tilde{d} - \ln N \tag{4.64}$$

下面,我们推导 $\tilde{d}$。

(1)当 $\gamma > 3$ 时,有

$$\tilde{d} = \frac{\langle k^2 \rangle}{\langle k \rangle} = \frac{\int_m^M k^2 p(k)\,\mathrm{d}k}{\int_m^M kp(k)\,\mathrm{d}k} = \frac{\int_m^M (\gamma-1)m^{\gamma-1}k^{-\gamma+2}\,\mathrm{d}k}{\int_m^M (\gamma-1)m^{\gamma-1}k^{-\gamma+1}\,\mathrm{d}k} = m\frac{\gamma-2}{\gamma-3}\frac{N^{\frac{3-\gamma}{\gamma-1}}-1}{N^{\frac{2-\gamma}{\gamma-1}}-1} \tag{4.65}$$

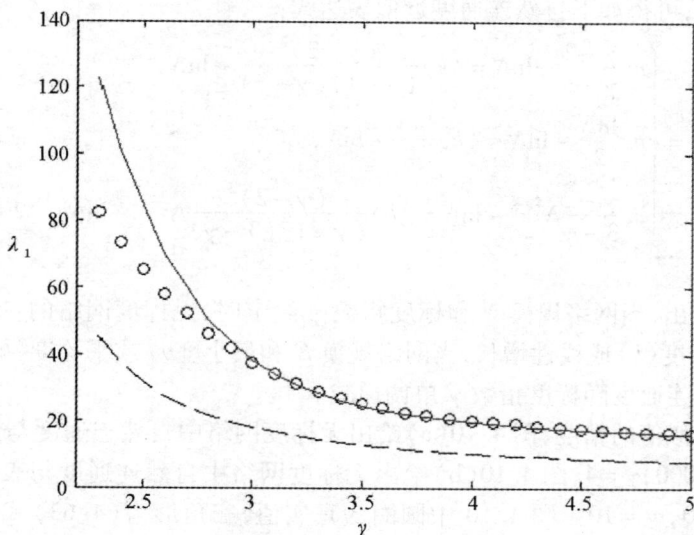

图 4.9 无标度网络的最大特征根

因为 $\gamma > 3$，所以当 N 很大时，$N^{\frac{3-\gamma}{\gamma-1}} \to 0$，$N^{\frac{2-\gamma}{\gamma-1}} \to 0$。从而，可得

$$\tilde{d} = \frac{\langle k^2 \rangle}{\langle k \rangle} \approx m \frac{\gamma-2}{\gamma-3} = \langle k \rangle \frac{(\gamma-2)^2}{(\gamma-1)(\gamma-3)} \tag{4.66}$$

（2）当 $\gamma = 3$ 时，有

$$\tilde{d} = \frac{\langle k^2 \rangle}{\langle k \rangle} = \frac{\int_m^M k^2 p(k)\,\mathrm{d}k}{\int_m^M kp(k)\,\mathrm{d}k} = \frac{\int_m^M (\gamma-1)m^2 k^{-1}\,\mathrm{d}k}{\int_m^M (\gamma-1)m^2 k^{-2}\,\mathrm{d}k} = m\frac{\ln N}{2(1-N^{-1/2})} \tag{4.67}$$

当 N 很大时，$N^{-1/2} \to 0$。因此，有

$$\tilde{d} = \frac{\langle k^2 \rangle}{\langle k \rangle} \approx m \frac{\ln N}{2} = \langle k \rangle \frac{\ln N}{4} \tag{4.68}$$

（3）当 $2 < \gamma < 3$ 时，有

$$\tilde{d} = \frac{\langle k^2 \rangle}{\langle k \rangle} = \frac{\int_m^M k^2 p(k)\,\mathrm{d}k}{\int_m^M kp(k)\,\mathrm{d}k} = \frac{\int_m^M (\gamma-1)m^{\gamma-1} k^{-\gamma+2}\,\mathrm{d}k}{\int_m^M (\gamma-1)m^{\gamma-1} k^{-\gamma+1}\,\mathrm{d}k} = m\frac{\gamma-2}{\gamma-3} \frac{N^{\frac{3-\gamma}{\gamma-1}}-1}{N^{\frac{2-\gamma}{\gamma-1}}-1} \tag{4.69}$$

因为 $2 < \gamma < 3$，所以当 N 很大时，$N^{\frac{2-\gamma}{\gamma-1}} \to 0$。因此，有

$$\tilde{d} \approx m\frac{\gamma-2}{3-\gamma} N^{\frac{3-\gamma}{\gamma-1}} = \langle k \rangle \frac{(\gamma-2)^2}{(\gamma-1)(3-\gamma)} N^{\frac{3-\gamma}{\gamma-1}} \tag{4.70}$$

由上述分析,可得如下自然连通度近似表达式:

$$\bar{\lambda} \approx \tilde{d} - \ln N = \begin{cases} m\dfrac{\gamma-2}{\gamma-3} - \ln N = \langle k \rangle \dfrac{(\gamma-2)^2}{(\gamma-1)(\gamma-3)} - \ln N, & \gamma > 3 \\[3mm] m\dfrac{\ln N}{2} - \ln N = \langle k \rangle \dfrac{\ln N}{4} - \ln N, & \gamma = 3 \\[3mm] m\dfrac{\gamma-2}{3-\gamma}N^{\frac{3-\gamma}{\gamma-1}} - \ln N = \langle k \rangle \dfrac{(\gamma-2)^2}{(\gamma-1)(3-\gamma)}N^{\frac{3-\gamma}{\gamma-1}} - \ln N, & 2 < \gamma < 3 \end{cases}$$

$$(4.71)$$

从(4.71)式可看出,当网络规模 N 和标度指数 γ 给定时,无标度网络的自然连通度与最小度 m 或平均度 $\langle k \rangle$ 成线性增长,当网络规模 N 和最小度 m 或平均度 $\langle k \rangle$ 给定时,无标度网络的自然连通度随标度指数 γ 单调递减。

为了验证近似值的精度,图4.10(a)给出无标度网络中自然连通度与最小度 m 的关系,其中 $N=1000, \gamma=4$;图4.10(b)给出无标度网络中自然连通度与表度指数 γ 关系,其中 $N=1000, m=10$。图4.10中圆圈为真实值,三角形为(4.63)式给出的近似值,虚线为(4.64)式给出的近似值,实线为(4.71)式给出的近似值,仿真结果为100次实验的平均值。可以看出,(4.63)式给出的近似值与真实结果非常吻合,当 $\gamma \geq 3$ 时,(4.64)式、(4.71)式与真实值仅有少量误差。

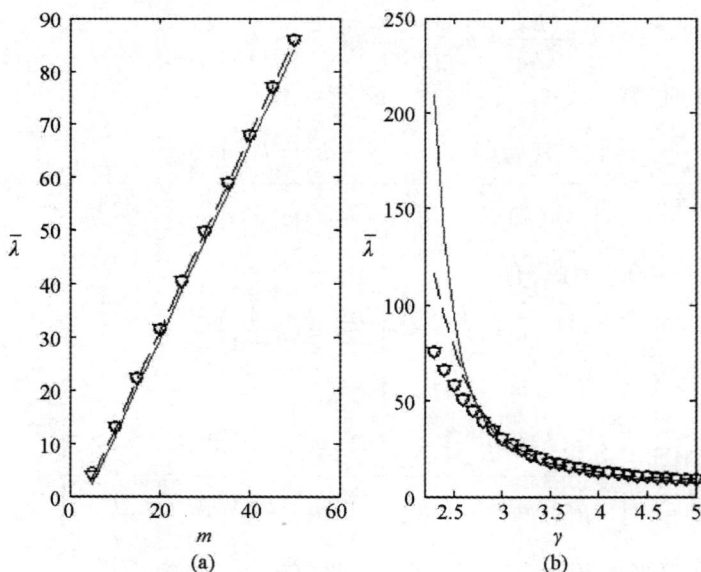

图4.10 无标度网络的自然连通度

4.4　本章小结

复杂网络的特征谱包含了丰富的网络结构及动力学行为信息。本章提出并研究了一个基于特征谱的复杂网络抗毁性测度——自然连通度。其主要工作包括：

（1）给出了自然连通度的定义，该测度从网络内部结构属性出发，通过计算网络中不同长度闭环数目的加权和刻画了网络中替代途径的冗余性，可以直接从网络邻接矩阵的特征谱导出，该测度在数学形式上表示为一种特殊形式的平均特征根，具有明确的物理意义和简洁的数学形式并且计算简单。

（2）证明了自然连通度关于添加边（移除边）是严格单调递增（递减）的，并且给出了自然连通度的上界和下界。

（3）比较了不同抗毁性指标在不同边移除策略下的测度能力，结果表明自然连通度能够准确、清晰地刻画出不同移除策略的效果差异，得到的结果与直观判断相符，而且对于不连通图仍然有效。

（4）给出了三类典型网络自然连通度的解析表达式：当 N 很大时，规则环状格子 $R_{N,2K}$ 的自然连通度仅与 K 有关，与 N 无关；如果 $\left(\sqrt{\ln N+1}+1\right)^2/N \leqslant p \leqslant 1-\left(\sqrt{\ln N+1}+1\right)^2/N$，随机网络 $G_{N,p}$ 的自然连通度随着边连接概率 p 或平均度 $\langle k \rangle$ 线性增长；随机无标度网络的自然连通度可通过 $\lambda_1-\ln N$ 近似，当 $\gamma \geqslant 3$ 时还可以通过 $\bar{d}-\ln N$ 近似，其中 $\bar{d}$ 为二阶平均度，当网络规模 N 和标度指数 γ 给定时，随机无标度网络的自然连通度随最小度 m 或平均度 $\langle k \rangle$ 成线性增长，当网络规模 N 和最小度 m 或平均度 $\langle k \rangle$ 给定时，无标度网络的自然连通度随标度指数 γ 单调递减。

第5章 基于自然连通度的复杂网络拓扑结构抗毁性分析

在上一章中,我们提出了一个基于特征谱的复杂网络拓扑结构抗毁性测度——自然连通度。该测度具有明确的物理意义和简洁的数学形式并且计算简单,很好地回答了"怎样度量复杂网络拓扑结构的抗毁性"。那么,接下来一个很自然的问题就是"什么样的复杂网络拓扑结构抗毁性好",换一个角度就是"复杂网络的宏观与微观结构属性如何影响其抗毁性"。这正是本章需要解决的问题。本章以自然连通度为抗毁性测度指标,通过仿真方法详细分析度分布、小世界性、度关联性对复杂网络抗毁性的影响。

5.1 度分布对抗毁性的影响

度分布是复杂网络最基本的结构属性,那么度分布对复杂网络拓扑结构的抗毁性有什么影响? 是指数度分布网络抗毁性好,还是幂率度分布网络抗毁性好?

5.1.1 仿真模型

为了考察度分布对复杂网络抗毁性的影响,我们采用文献[161]中的"混合择优模型"构造具有不同度分布的复杂网络。混合择优模型是 BA 模型的一种改进,通过调节参数可以实现从随机网络到无标度网络的渐变。混合择优模型的算法如下:

Step 1 增长:初始时网络中有 m_0 个节点,每步增加一个新节点,该节点与网络中 m 个已存在的节点相连接;

Step 2 混合择优连接:新节点按照概率 Π 优先选择与度为 k_i 的节点相连接

$$\Pi(k_i) = \frac{pk_i + (1-p)}{\sum_j pk_j + (1-p)} \tag{5.1}$$

可以看出,混合择优模型同时混合了随机连接和择优连接,两种连接形式的比例通

过参数 $0 \leqslant p \leqslant 1$ 控制。刘宗华等[161]解析地给出了混合择优模型的度分布：

$$p(k) \sim \left(\frac{k/m + b}{1 + b} \right)^{-\gamma} \tag{5.2}$$

其中

$$\gamma = 3 + b, b = \frac{1 - p}{mp} \tag{5.3}$$

易知，当 $p = 0$ 时，混合择优模型的度分布趋于指数分布：

$$p(k) \sim e^{-k/m} \tag{5.4}$$

当 $p = 1$ 时，混合择优模型的度分布趋于幂律分布：

$$p(k) \sim (k/m)^{-3} \tag{5.5}$$

图 5.1[161]给出了不同参数 p 混合择优模型的度分布，其中主图为双对数坐标图（log-log scale），插图为线性对数坐标图（linear-log scale），$N = 10000$，$m_0 = m = 5$。由图 5.1 可以看出，当 $p = 1$ 时（圆圈），混合择优模型的度分布在双对数坐标下呈直线，即幂律分布；当 $p = 0$ 时（方块），混合择优模型的度分布在线性对数坐标下呈直线，即指数分布；当 $p = 0.5$ 时（星号），混合择优模型的度分布介于指数分布和幂律分布之间。

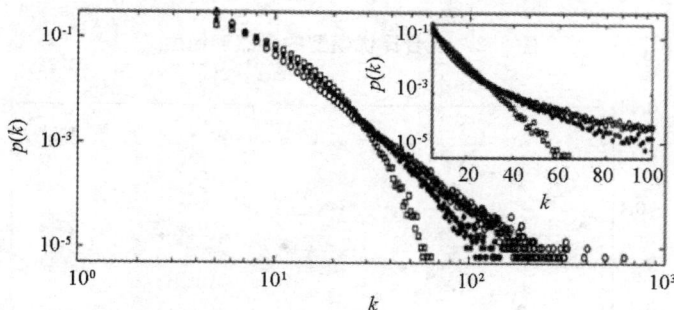

图 5.1　混合择优模型的度分布

5.1.2　仿真结果

图 5.2 给出了自然连通度 $\bar{\lambda}$ 与参数 p 的关系图。可以看出，随着 p 的增加，$\bar{\lambda}$ 逐渐变大，这意味着随着度分布从指数分布向幂律分布渐变，网络的抗毁性逐渐增强。

指数分布与幂率分布网络的本质区别在于指数度分布网络中大多数节点的度都集中在一个狭窄区间，不可能出现度很大的节点，但在幂率度分布网络中，大多数节点的度都很小，少数节点的度很大。换句话说，指数分布网络非常均匀，幂率度分布网络非

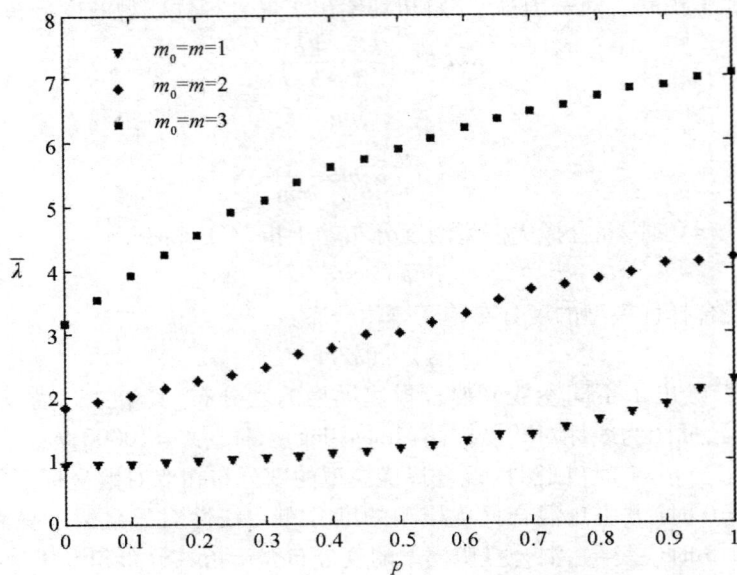

图 5.2　混合择优模型的自然连通度

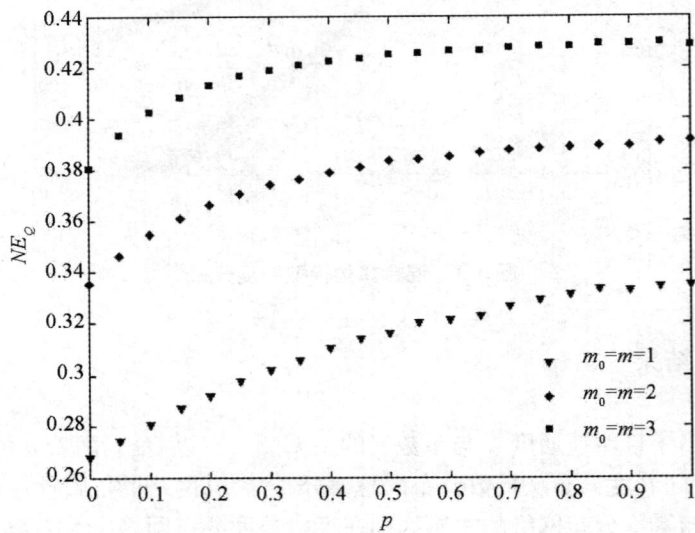

图 5.3　混合择优模型的标准秩分布熵

常不均匀。我们在第 2 章中曾提出秩分布熵来定量刻画复杂网络拓扑结构的非均匀性,图 5.3 给出了标准秩分布熵 NE_0 与参数 p 的关系图。可以看出,随着度分布从指数分布向幂率分布渐变,网络的标准秩分布熵逐渐变大,即网络越来越不均匀。这意味着,在相同条件下,网络度分布越不均匀抗毁性越强。

5.2　小世界性对抗毁性的影响

　　小世界性是复杂网络最重要的结构属性之一,网络具有小世界性意味着网络中节点之间能够有效地沟通。那么是否小世界性越强的复杂网络拓扑结构抗毁性越好呢?

5.2.1　仿真模型

　　为了考察小世界性对复杂网络抗毁性的影响,我们从“大世界”——规则环状格子出发,考虑两种边重连模型:保度随机重连模型和自由随机重连模型。
　　保度随机重连模型的算法如下:
　　Step 1　随机选择两条边 $e_1 = (v_1, w_1)$ 和 $e_2 = (v_2, w_2)$,如果 e_1 和 e_2 有公共节点则重新选择 e_1 和 e_2;
　　Step 2　移除 e_1 和 e_2,然后在 v_1、v_2、w_1、w_2 之间随机添加两条新边 e'_1 和 e'_2,如果 e'_1 和 e'_2 已经存在则放弃操作重新选择 e_1 和 e_2;
　　Step 3　重复上述步骤 n 次。
　　易知,在上述保度随机重连模型中,节点的度保持不变,随着重连次数 n 的增加,保度重连模型将生成随机正则网络。
　　自由随机重连模型的算法如下:
　　Step 1　随机移除一条边;
　　Step 2　随机添加一条边;
　　Step 3　重复上述步骤 n 次。
　　易知,随着重连次数 n 的增加,自由随机重连模型将生成 ER 随机网络。

5.2.2　仿真结果

　　图 5.4 给出了从不同规则环状格子出发,自然连通度 $\bar{\lambda}$ 以及网络效率 E(参见 1.2.1.2 节)随保度随机重连次数 n 的变化图,其中 $N = 100$,所有结果均为 100 次实验

平均值。从图 5.4(b)可以看出，随着保度重连次数的增加，网络的效率 E 逐渐增大，这意味着网络从"大世界"逐渐变成了"小世界"。但是，从图 5.4(a)可以看出自然连通度 $\bar{\lambda}$ 却随着重连次数的增加而减小，这意味着网络的抗毁性在逐渐减弱。注意到在图 5.4 中当重连次数增加到一定数量后，网络的自然连通度 $\bar{\lambda}$ 达到一个稳定状态，即随机正则网络。我们在图 5.5 中给出了随机正则网络和相应规则环状格子（实线）的自然连通度。图 5.5 清楚表明随机正则网络的自然连通度比规则环状格子小，这就表明对于相同节点数目和平均度的正则网络，小世界性的增强反而降低了网络的抗毁性。

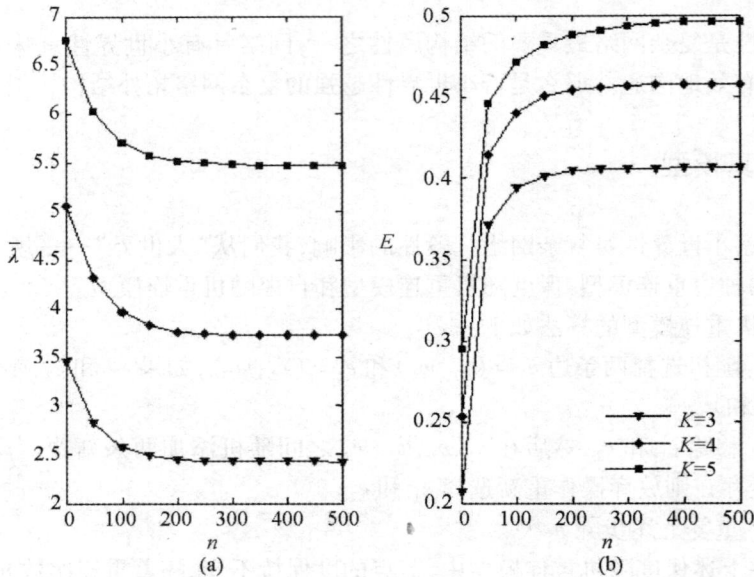

图 5.4　保度随机重连模型的自然连通度及网络效率

　　下面，我们考察自由随机重连模型中小世界性和抗毁性的关系。图 5.6 给出了从不同规则环状格子出发，自然连通度 $\bar{\lambda}$ 以及网络效率 E 随自由随机重连次数 n 的变化图，其中 $K=5$，所有仿真结果均为 100 次实验平均值。从图 5.6(b)可以看出随着自由重连次数的增加，网络的效率 E 逐渐增大，这意味着网络的小世界性逐渐增强。但是，从图 5.6(a)可以观察到在不同规模网络中自然连通度的行为差别非常大：当 $N=30$ 时，$\bar{\lambda}$ 随着重连次数的增加而增加，这意味着网络的抗毁性逐渐增强；当 $N=50$ 时，$\bar{\lambda}$ 先随着重连次数减小随后增加，最后达到一个稳定值，这个稳定值大于初始值；当 $N=100$ 时，自然连通度 $\bar{\lambda}$ 先随着重连次数减小随后增加，最后达到一个稳定值，这个稳定值小于初始值。

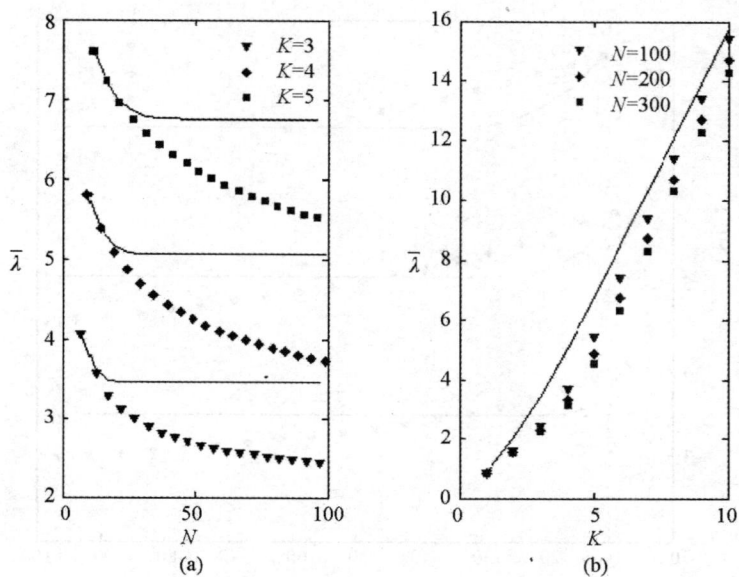

图 5.5　随机正则网络与规则环状格子自然连通度比较

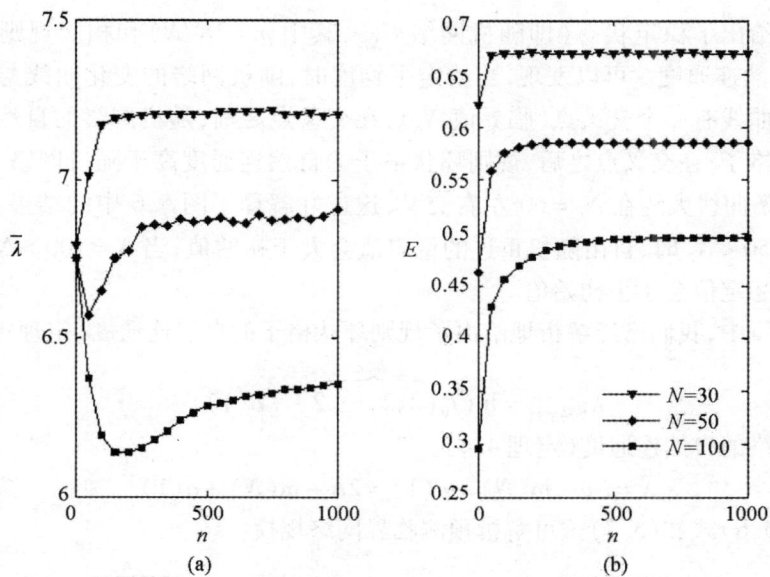

图 5.6　自由随机重连模型的自然连通度及网络效率

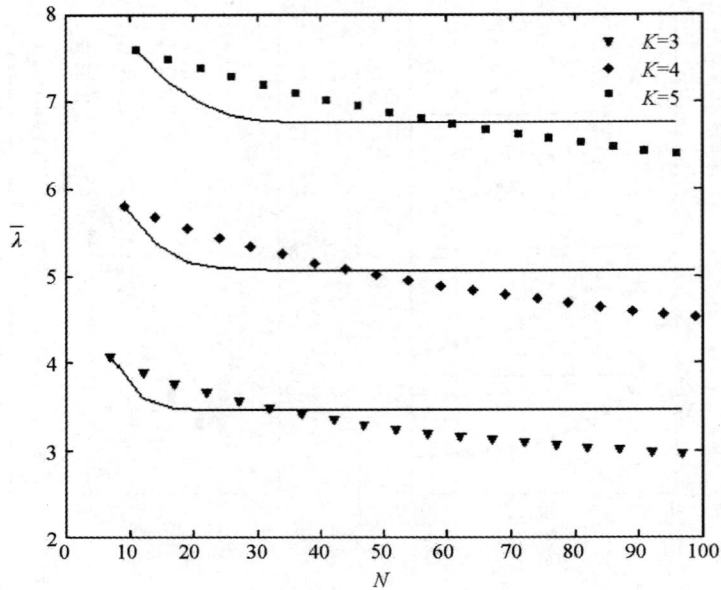

图5.7　随机网络与规则环状格子自然连通度比较

图5.7给出了稳定状态(即随机网络 $G_{N,p}$,其中 $p=2K/N$)和相应规则环状格子(实线)的自然连通度。可以发现,当给定平均度时,随机网络的变化曲线与规则环状格子的变化曲线有一个交叉点(临界值 N_c):在交叉点之前,随机网络的自然连通度高于规则环状格子;在交叉点之后,规则环状格子的自然连通度高于随机网络。例如,当 $K=5$ 时,两条曲线大约在 $N_c=60$ 左右交叉,这正好解释了图5.6中的结果:当 $N=30 < N_c$ 或 $N=50 < N_c$ 时,自由随机重连的稳定值会大于初始值;当 $N=100 > N_c$ 时,自由随机重连的稳定值会小于初始值。

在上一章中,我们已经解析地给出了规则环状格子的自然连通度(定理4.3):

$$\bar{\lambda}_{RRL_{N,2K}} = \ln(I_0(\overbrace{2,2,\cdots,2}^{K}) + o(1)) \tag{5.6}$$

以及随机网络的自然连通度(定理4.4):

$$\bar{\lambda} = Np - \ln(N) + o(1) = 2K - \ln(N) + o(1) \tag{5.7}$$

给定 K,由(5.6)式和(5.7)式可解析预测临界网络规模:

$$\ln(I_0(\overbrace{2,2,\cdots,2}^{K})) = 2K - \ln(N) \Rightarrow N_c = e^{2K}/I_0(\overbrace{2,2,\cdots,2}^{K}) \tag{5.8}$$

此外,给定网络规模 N,由(5.6)式和(5.7)式还可以解析预测临界值 K_c,即

$$\ln(I_0(\overbrace{2,2,\cdots,2}^{K})) = 2K - \ln(N) \Rightarrow K_c \qquad (5.9)$$

进而可以得到临界边连接概率：

$$p_c = \frac{2K_c}{N} \qquad (5.10)$$

当边连接概率小于 p_c 时，规则环状格子的自然连通度大于随机网络的自然连通度；当边连接概率大于 p_c 时，随机网络的自然连通度大于规则环状格子的自然连通度。这表明，当网络比较稀疏时，规则环状格子（大世界）比随机网络（小世界）抗毁性强；当网络比较稠密时，随机网络（小世界）比规则环状格子（大世界）抗毁性强。

综上所述，复杂网络的抗毁性与小世界性并不存在必然的相关性，在正则网络中小世界性的增强会减弱网络的抗毁性；在随机网络中，小世界性对抗毁性的影响取决于网络的稀疏程度。这意味着很多情况下网络结构的抗毁性和节点之间连接的高效性"鱼和熊掌不可兼得"，如何在两者之间进行权衡优化是一个非常有价值的研究课题。

5.3　度关联性对抗毁性的影响

在上两节中，我们分别研究了度分布以及小世界性对抗毁性的影响。不难看出，度分布以及小世界性只是复杂网络的宏观结构属性，但具有相同宏观结构属性的网络可以通过更加细致的微观结构属性来刻画，度关联性就是最重要的微观属性之一（参见1.2.1.2 节）。现有研究表明，复杂网络的度关联性对其结构及动力学行为有重要影响。例如，Boguna 等[208]研究了度关联性对流行病传播的影响，Xulvi-Brunet 等[341]研究了度关联性对渗流的影响，Rong 等[342]研究了度关联性对网络博弈的影响，Bernardo 等[343-345]研究了度关联性对同步性影响，Sorrentino 等[346-347]以及 Miao 等[348]研究了度关联性对网络可控性的影响。那么，度关联性对自然连通度有什么影响呢？同配网络的抗毁性好，还是异配网络的抗毁性好？

5.3.1　仿真模型

为了考察度关联性对复杂网络拓扑结构抗毁性的影响，我们考虑两种关联保度重连模型：保度同配重连模型和保度异配重连模型。

保度同配重连模型的算法如下：

Step 1　随机选择两条边 $e_1 = (v_1, w_1)$ 和 $e_2 = (v_2, w_2)$，如果 e_1 和 e_2 有公共节点则

重新选择 e_1 和 e_2；

Step 2 移除 e_1 和 e_2，然后将 v_1、w_1、v_2、w_2 按照度从大到小排序，不妨假设 $d_{v_1} \geqslant d_{v_2} \geqslant d_{w_1} \geqslant d_{w_2}$，则添加两条新边 $e'_1 = (v_1, v_2)$ 和 $e'_2 = (w_1, w_2)$，如果 e'_1 和 e'_2 已经存在则放弃操作重新选择 e_1 和 e_2；

Step 3 重复上述步骤 n 次。

易知，在上述保度同配重连模型中，每个节点的度保持不变，随着重连次数 n 的增加，保度同配重连模型将生成同配网络。

保度异配重连模型的算法如下：

Step 1 随机选择两条边 $e_1 = (v_1, w_1)$ 和 $e_2 = (v_2, w_2)$，如果 e_1 和 e_2 有公共节点则重新选择 e_1 和 e_2；

Step 2 移除 e_1 和 e_2，然后将 v_1、w_1、v_2、w_2 按照度从大到小排序，不妨假设 $d_{v_1} \geqslant d_{v_2} \geqslant d_{w_1} \geqslant d_{w_2}$，则添加两条新边 $e'_1 = (v_1, w_2)$ 和 $e'_2 = (v_2, w_1)$，如果 e'_1 和 e'_2 已经存在则放弃操作重新选择 e_1 和 e_2；

Step 3 重复上述步骤 n 次。

易知，在上述保度异配重连模型中，每个节点的度保持不变，随着重连次数 n 的增加，保度异配重连模型将生成异配网络。

5.3.2 仿真结果

我们采用 BA 模型（参见 1.2.1.3 节）生成初始网络。值得指出的是，这里初始网络的选择不影响下面的讨论，选择其他初始网络也得到了相同结论。

图 5.8 给出了从不同参数的 BA 网络开始，自然连通度 $\bar{\lambda}$ 以及度关联系数 r 随保度同配重连次数 n 的变化图，其中 $N = 100$，所有结果均为 100 次实验平均值。从图 5.8(b) 可以看出，随着保度同配重连次数的增加，度关联系数逐渐增大，这意味着网络的同配性逐渐增强。与此同时，从图 5.8(a) 可以看出，随着保度同配重连次数的增加，网络的自然连通度逐渐增大，这表明网络的抗毁性在逐渐增强。

图 5.9 给出了从不同参数的 BA 网络出发，自然连通度 $\bar{\lambda}$ 以及度关联系数 r 随保度异配重连次数 n 的变化图，其中 $N = 100$，所有结果均为 100 次实验平均值。从图 5.9(b) 可以看出，随着保度异配重连次数的增加，度关联系数逐渐减小，这意味着网络的异配性逐渐增强。与此同时，从图 5.9(a) 可以看出，随着保度异配重连次数的增加，网络的自然连通度逐渐减小，这表明网络的抗毁性在逐渐减弱。

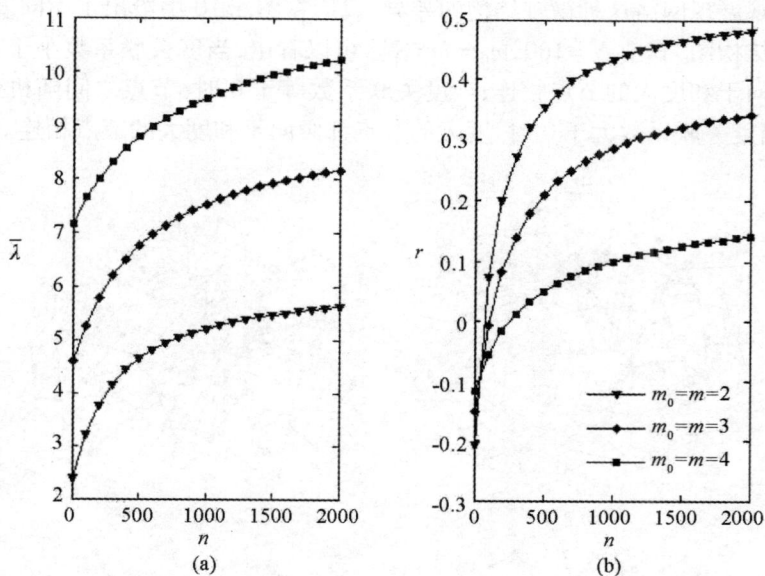

图 5.8　保度同配重连模型的自然连通度及度关联系数

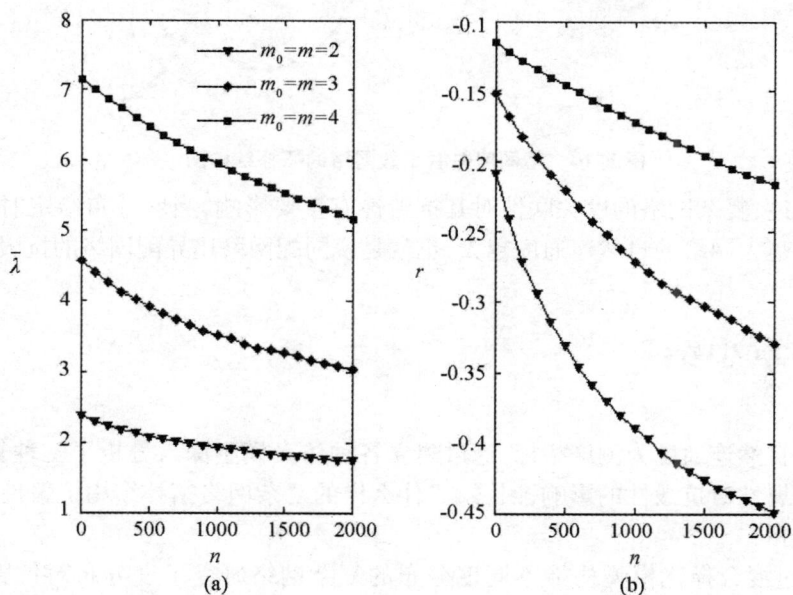

图 5.9　保度异配重连模型的自然连通度及度关联系数

为了直观展现网络这种微观结构的差异,我们在图5.10中给出了不同度关联系数网络的拓扑结构图,其中 $N=100,m_0=m=2$。可以看出,当度关联系数小于0时,度小的节点都倾向于和度大的节点相连;当度关联系数等于0时,节点之间随机连接,不存在度关联;当度关联系数大于0时,度大的节点都倾向于和度大的节点相连。

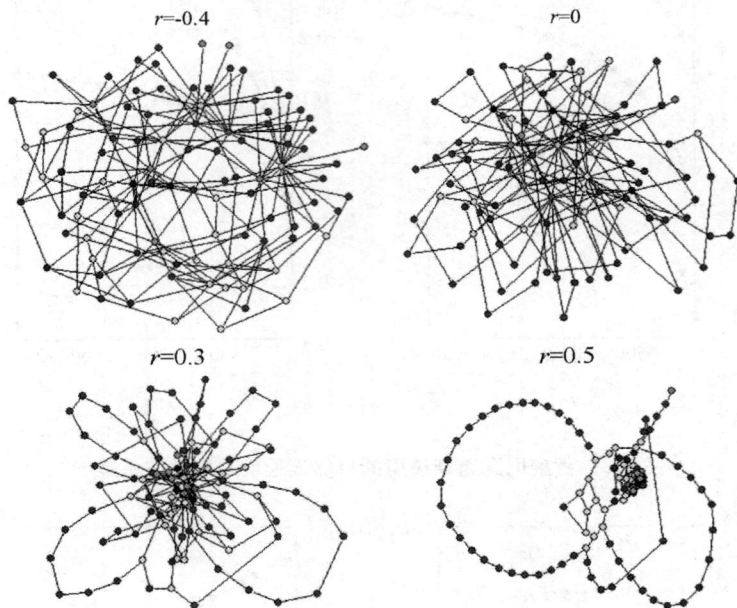

图5.10　不同度关联系数网络的拓扑结构图

综上所述,复杂网络的度关联性对其抗毁性有重要影响,当度分布给定时,网络的度关联系数越大网络的自然连通度越大,也就是说同配网络比异配网络的抗毁性更强。

5.4　本章小结

本章以自然连通度为测度指标,通过建立各种仿真模型深入分析了三种复杂网络的重要结构属性对抗毁性的影响,回答了"什么样的复杂网络拓扑结构抗毁性好"。其主要工作包括:

(1)通过混合择优模型构造不同度分布的复杂网络研究了度分布对抗毁性的影响。研究表明,在相同条件下,网络度分布越不均匀抗毁性越强。

（2）从规则环状格子出发，通过保度随机重连模型和自由随机重连模型研究了小世界性对抗毁性的影响。研究表明，复杂网络的抗毁性与小世界性并不存在必然的相关性，在正则网络中，小世界性的增强会减弱网络的抗毁性，在随机网络中，小世界性对抗毁性的影响取决于网络的稀疏程度。

（3）通过保度同配重连模型和保度异配重连模型研究了度关联性对抗毁性的影响。研究表明，当度分布给定时，网络的度关联系数越大网络的抗毁性越好，也就是说同配网络比异配网络的抗毁性更强。

第6章 基于自然连通度的复杂网络拓扑结构抗毁性优化

上一章分析了三种重要结构属性对复杂网络抗毁性的影响,这属于"认识世界"的范畴,但也许我们更应该关心如何"改造世界"。怎样提高复杂网络拓扑结构的抗毁性? 抗毁性最优的复杂网络具有什么样的结构属性? 这是本章需要回答的问题。在这一章里,我们将研究基于自然连通度的复杂网络抗毁性优化问题。首先,建立基于自然连通度的复杂网络抗毁性组合优化模型,在此基础上提出基于禁忌搜索的复杂网络抗毁性优化算法,最后分析最优抗毁性网络的结构属性。

6.1 基于自然连通度的复杂网络拓扑结构抗毁性组合优化模型

6.1.1 目标函数

目标函数是优化问题的关键,不同的目标函数将得到不同的优化结果。此外,目标函数也决定了优化的效率。在1.2.2.1节中我们介绍了很多基于图论的抗毁性测度指标,但这些指标的计算都存在计算复杂性过高的问题。因此,对于大规模复杂网络,如果选择基于图论的抗毁性指标将很难执行优化过程。在1.2.2.2节中我们介绍了基于统计物理的抗毁性测度指标——临界移除比例。虽然临界移除比例适用于大规模复杂网络,但是,正如我们在1.2.3节中指出的那样,对于一般网络我们不能得到精确的临界移除比例值,它决定于仿真的精度。为了得到较高精度,我们必须增加仿真次数,这也就大大降低了计算临界移除比例的效率。此外,王冰等[308]将网络效率为目标函数来优化复杂网络的抗毁性,但显然网络效率与抗毁性并不等价(参见5.2节),直接将网络效率当作目标函数难免存在偏颇。

在第4章中,我们提出了一个新的抗毁性测度指标——自然连通度,该测度指标从网络内部结构属性出发,通过计算网络中不同长度闭环数目的加权和刻画了网络中替代途径的冗余性,可以直接从网络邻接矩阵的特征谱导出,在数学形式上表示为一种特殊形式的平均特征根,具有明确的物理意义和简洁的数学形式并且计算简单。因此,我们选取网络的自然连通度作为抗毁性优化的目标函数。

6.1.2　约束条件

复杂网络在数学上可以描述成一个图 $G = (V, E)$,其中 $V = \{v_1, v_2, \cdots, v_N\}$ 表示节点集合,$E = \{e_1, e_2, \cdots, e_W\} \subseteq V \times V$ 表示边的集合,$N = |V|$ 表示节点数量,$W = |E|$ 表示边数量。令 $A(G) = (a_{ij})_{N \times N}$ 表示网络的邻接矩阵。

假设图 G 是无权图,则

$$a_{ij} = \begin{cases} 1, & (v_i, v_j) \in E \\ 0, & (v_i, v_j) \notin E \end{cases} \tag{6.1}$$

假设图 G 是无向简单图,则

$$a_{ij} = a_{ij} \tag{6.2}$$

$$a_{ii} = 0 \tag{6.3}$$

假设图 G 是连通图,则

$$\mu_{N-1} > 0 \tag{6.4}$$

其中 μ_{N-1} 为图 G 拉普拉斯矩阵的次小特征根,即代数连通度。

网络的抗毁性受很多因素的影响,其中最主要的因素是网络中边的数目。在4.2.2 节中,我们已经证明了自然连通度关于添加边是严格单调递增的,这意味着如果没有边的数量限制,完全图将是抗毁性最优的网络。但是,构造一个网络总是有一定成本约束的,边的数量越多网络的成本越大。因此,我们将网络中边的数量作为约束条件,即研究边的数量给定的条件下,如何使得网络的抗毁性最优。边的数量约束可以通过邻接矩阵表示为

$$W = |E| = \frac{1}{2} \sum_i \sum_j a_{ij} \tag{6.5}$$

6.1.3　优化模型

根据前面两节中讨论的目标函数以及约束条件,我们可以得到如下复杂网络抗毁性优化模型:

$$\max \bar{\lambda}(G) = \ln\left(\frac{1}{N}\sum_{i=1}^{N}e^{\lambda_i}\right)$$

$$\begin{cases} \sum_i \sum_j a_{ij} = 2W \\ a_{ij} = a_{ij} \\ a_{ii} = 0 \\ \mu_{N-1} > 0 \\ a_{ij} = 0 \text{ 或者 } 1 \end{cases} \tag{6.6}$$

很显然,这是一个典型的组合优化问题。

6.2 基于禁忌搜索的复杂网络拓扑结构抗毁性仿真优化算法

在于解空间非常庞大,要想直接求解(6.6)式所描述的组合优化模型是非常困难的。例如,对于 $N=100$,$W=500$ 的网络,所有可行解的数目为

$$C_{N(N-1)/2}^{W} = \frac{4950!}{500!\ 4450!} \tag{6.7}$$

这是一个庞大无比的数字。因此,研究人员只能"临辟蹊径":基于图论的抗毁性研究将抗毁性优化问题转换成求解抗毁性指标的上界与下界以及寻找相对应的极图;基于统计物理的抗毁性研究则在一定假设下降抗毁性的优化转化为其他优化问题或者将全局抗毁性优化转化成局部抗毁性优化问题(参见1.2.2.2节)。

考虑到现代启发式方法是解决复杂组合优化问题的有效工具,本文采用现代启发式方法中的新成员——禁忌搜索(Tabu Search,TS)算法来求解(6.6)式所描述的组合优化模型。禁忌搜索的思想最早由 Glover[349-350] 提出,它是对局部领域搜索的一种扩展,是一种全局逐步寻优算法,是对人类智力过程的一种模拟。TS 算法通过局部邻域搜索机制和相应的禁忌准则来避免迂回搜索,并通过特赦准则(aspiration criterion)来赦免一些被禁忌的优良解,进而保证多样化的有效探索以最终实现全局优化。关于禁忌搜索参见文献[351]。

6.2.1 变量编码

由(6.6)式中的约束条件可知,我们只需要优化邻接矩阵中对角线以上的

$N(N-1)/2$ 个元素 $a_{ij}(i<j)$。我们把这 $N(N-1)/2$ 个元素重新排列,记为 x_i,其中 $x_i=0$ 或 $x_i=1,1 \leqslant i \leqslant N(N-1)/2$, $\sum_i x_i = W$。我们将 x_i 作为禁忌搜索算法的优化变量,即解的编码。

6.2.2　移动操作

禁忌搜索是局部邻域搜索的一种扩展,因此解的移动操作设计非常关键,它决定了当前解邻域的产生形式和数目以及各个解之间的联系。本文选择边随机重连作为移动操作,其算法如下:

Step 1　随机移除一条边,即在 x_i 中随机选择一个等于 1 的变量令其等于 0;

Step 2　随机添加一条边,即在 x_i 中随机选择一个等于 0 的变量令其等于 1。

对于每一个当前解,我们通过边随机重连产生 $n_{candidate}$ 个新网络作为当前解的候选解集。

6.2.3　特赦准则

特赦准则设置是算法避免遗失优良解,激励对优良解的局部搜索,进而实现全局优化的关键步骤。在禁忌搜索过程中,可能会出现一个被禁忌候选解的目标函数优于当前解,此时我们解禁该禁忌候选解,以实现更高的优化性能。

6.2.4　终止准则

通常终止准则选择为是否达到预定的最大迭代次数,而这种预定的最大迭代次数一般是根据经验确定。显然,迭代次数的多少应与寻优问题规模有关。凭经验给定最大迭代次数可能会产生两类问题:(1)优化过程早已达到最优解,但是没有达到最大迭代次数,优化过程还要做不必要的迭代计算;(2)优化过程已经达到最大迭代次数,但尚未达到最优解就退出优化过程。为了克服上述问题,我们采用最优解连续保持不变是否达到最大持续迭代步数 $n_{iteration}$ 作为终止准则。

6.2.5　算法流程

下面我们给出具体的基于禁忌搜索的复杂网络抗毁性仿真优化算法:

Step 1　初始化算法:设置禁忌表长度 L、候选解集规模 $n_{candidate}$ 以及最大持续迭代

步数 $n_{iteration}$;置禁忌表为空。

Step 2 产生初始解 G_0:先置 $x_i := 0$,然后从中随机选取 W 个变量置其等于 1;置最优解 $G^* := G_0$,置当前解 $G_{now} := G_0$。

Step 3 判断终止准则是否满足,若是,则结束算法并输出优化结果;否则,继续以下步骤。

Step 4 生成候选解集:通过边随机重连产生 $n_{candidate}$ 个新网络,若产生的新网络不连通,则重新选择;计算每个新网络的自然连通度。

Step 5 如果自然连通度最大的候选解不是被禁忌的,或者被禁忌的但满足特赦准则,那么就把该候选解作为新的当前解 G_{now};否则,选择不被禁忌的最好移动所对应的候选解作为当前解 G_{now},并将该候选解加入禁忌表;如果当前解 G_{now} 的自然连通度大于最优解,则置最优解 $G^* := G_{now}$。

Step 6 转 Step3。

6.3 最优抗毁性网络的结构属性

我们选择节点数量 $N = 100$、边的数量 $W = 300$、禁忌表长度 $L = 10$、候选解集规模 $n_{candidate} = 10$ 以及最大持续迭代步数 $n_{iteration} = 30$ 作为优化参数,优化结果如下文所述。

6.3.1 自然连通度

图 6.1 给出了自然连通度随迭代次数 n 的变化图。可以看出,自然连通度随着迭代次数的增加而快速增加,从初始值 2.84 经过 582 次迭代后达到稳定最优值 11.05。这说明本文提出的基于禁忌搜索的复杂网络抗毁性仿真优化算法能有效地优化复杂网络的抗毁性。作为参考,我们在图 6.1 中还给出了具有相同节点数量以及边数量的 BA 无标度网络(实线)、规则环状格子(虚线)、ER 随机网络(点划线)的自然连通度。可以看出,通过优化得到的网络抗毁性远远高于这些典型网络。

6.3.2 秩分布熵

图 6.2 给出了标准秩分布熵(参见 2.2.2 节)随迭代次数 n 的变化图。可以看出,秩分布熵随着迭代次数的增加呈明显上升趋势,这意味着随着抗毁性不断优化,网络越来越不均匀。这与我们在上一章中得到的结论是吻合的。作为参考,我们在图 6.2 中

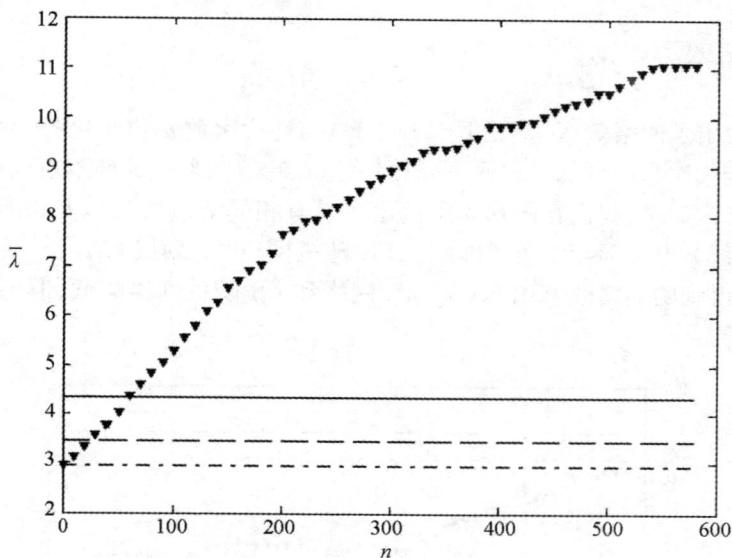

图6.1　自然连通度随迭代次数变化图

给出了具有相同节点数量以及边数量的 BA 无标度网络(实线)、规则环状格子(虚线)、ER 随机网络(点划线)的秩分布熵。可以看出,通过优化得到的网络秩分布熵明显高于这些典型网络。

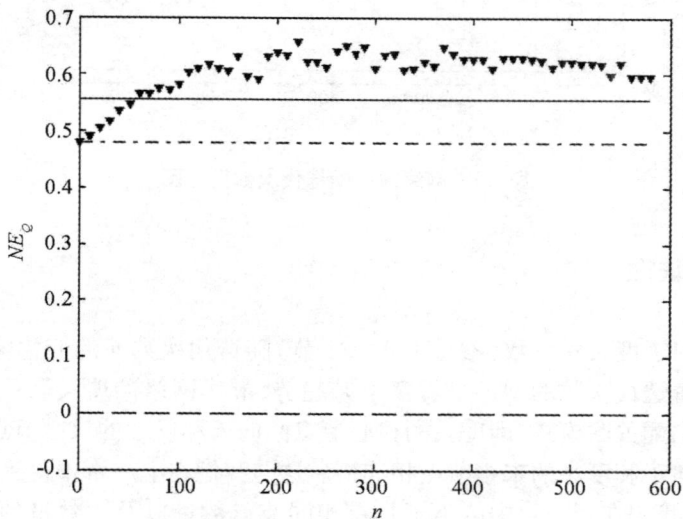

图6.2　秩分布熵随迭代次数变化图

6.3.3 网络效率

图 6.3 给出了网络效率(参见 1.2.1.2 节)随迭代次数 n 的变化图。可以看出,网络效率随着迭代次数的增加呈缓慢下降趋势,这意味着随着抗毁性不断优化,网络效率略有降低。作为参考,我们在图 6.3 中给出了具有相同节点数量以及边数量的 BA 无标度网络(实线)、规则环状格子(虚线)、ER 随机网络(点划线)的网络效率。可以看出,通过优化得到的网络效率比 BA 无标度网络和 ER 随机网络略低,但仍然明显高于规则环状格子。

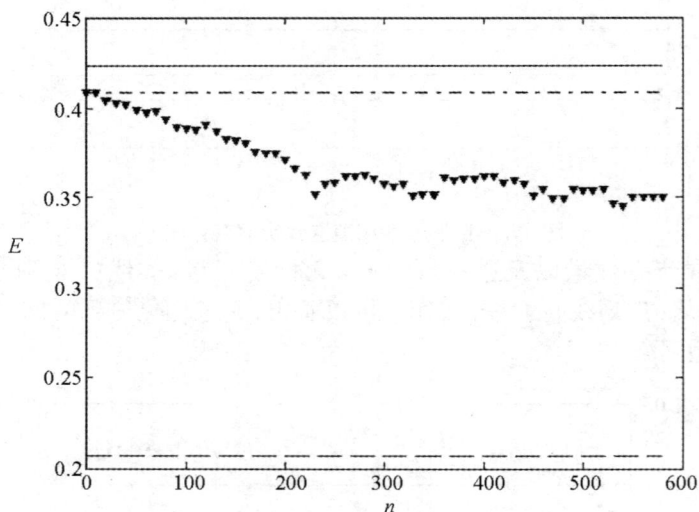

图 6.3 网络效率随迭代次数变化图

6.3.4 度关联性

图 6.4 给出了度关联系数(参见 1.2.1.2 节)随迭代次数 n 的变化图。可以看出,度关联系数随着迭代次数的增加呈震荡上升趋势,最优网络的度关联系数达到 0.25,呈现出明显的同配关联模式,即度大的核心节点倾向于和度大的核心节点相连接,度小的末梢节点倾向于和度小的末梢节点相连接。这与我们在上一章中得到的结论是吻合的。作为参考,我们在图 6.4 中给出了具有相同节点数量以及边数量的 BA 无标度网络(实线)、规则环状格子(虚线)、ER 随机网络(点划线)的度关联系数。可以看出,BA

无标度网络呈现出明显的异配关联模式,规则环状格子和随机网络的度关联系数接近 0,即不存在明显的度关联,通过优化得到的度关联系数明显高于这些典型网络。

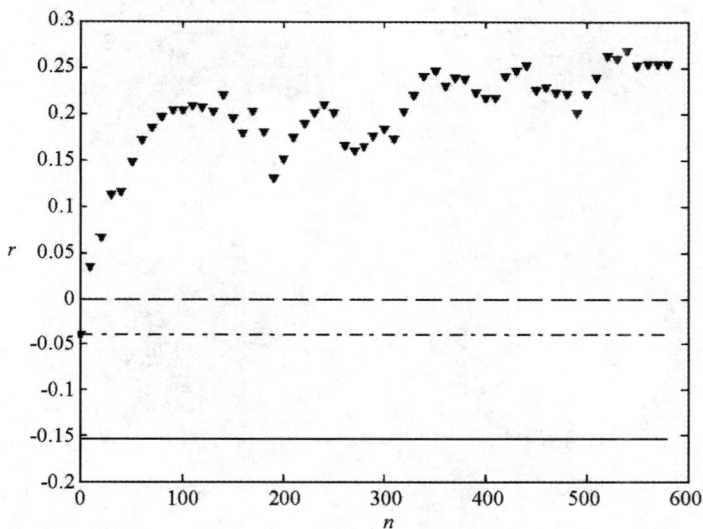

图 6.4　度关联系数随迭代次数变化图

6.3.5　拓扑结构图

为了直观展现最优抗毁性网络的结构属性,我们在图 6.5 中给出了最优抗毁性网络的拓扑结构图(a)。作为参考,我们在图 6.5 中还给出了具有相同节点数量以及边数量的 BA 无标度网络(b)、规则环状格子(c)、ER 随机网络(d)的拓扑结构图。可以看出,最优抗毁性网络的拓扑结构图与其他几个典型网络有很大的不同。在最优抗毁性网络中存在少量度非常大的核心节点,而且这些核心节点之间相互连接紧密形成 "富人俱乐部"。除了这些核心节点以外,其他节点的度都很小,而且这些度很小的末梢节点倾向于在外围互相连接。

6.4　本章小结

本章研究了基于自然连通度的优化问题,回答了"怎样提高复杂网络拓扑结构的抗毁性"。其主要工作包括:

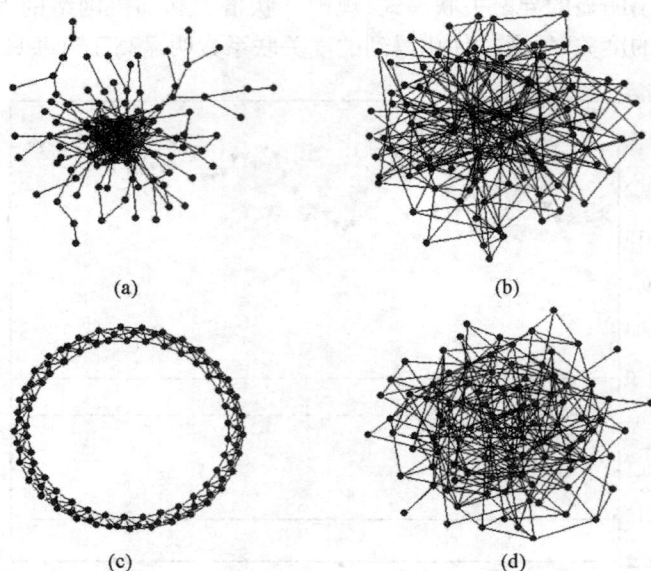

图 6.5　最优抗毁性网络的拓扑结构图

(1)建立了以自然连通度为目标函数,以边的数量为约束条件的复杂网络抗毁性组合优化模型。

(2)提出了基于禁忌搜索的复杂网络抗毁性仿真优化算法,设计了变量编码、定义了移动操作、给出了特赦准则、设置了终止准则、给出了算法流程。

(3)分析了最优抗毁性网络的若干结构属性。研究表明,最优抗毁性网络的度分布非常不均匀,网络中存在少量度非常大的核心节点以及大量度很小的末梢节点;最优抗毁性网络呈现出明显的同配度关联模式,核心节点之间相互连接紧密形成"富人俱乐部",度很小的末梢节点倾向于在外围互相连接。此外,优化复杂网络的抗毁性略微减少了网络的效率,这表明网络的抗毁性与效率存在"冲突",如何在两者之间进行权衡优化是一个非常有价值的研究课题。

值得指出的是,本章研究的是复杂网络抗毁性的全局优化问题,即在一定费用约束条件如何构造出抗毁性更好的网络。但是,很多情况下我们面对的都是已经存在的网络。这意味着我们不可能全部"重新洗牌",只能局部优化网络结构。在这种情况下,如何通过最少的优化达到最大的抗毁性是我们下一步需要研究的问题。

第7章 复杂网络拓扑结构抗毁性应用研究

第 3 章和第 4 章建立了复杂网络抗毁性模型,回答了"如何度量复杂网络的抗毁性"。第 5 章分析了复杂网络宏观及微观属性对抗毁性的影响,回答了"什么样的复杂网络抗毁性好"。第 6 章讨论了复杂网络抗毁性的优化问题,回答了"怎样提高复杂网络拓扑结构的抗毁性"。本章将分别以战勤保障网络、因特网、蛋白质分子结构为背景展开应用研究。

7.1 战勤管理保障网络的抗毁性

7.1.1 引言

"兵马未动,粮草先行"。现代高技术局部战争是多兵种联合作战,参战的陆海空三军需要得到及时、持续、有效的全方位后勤物质与装备保障,战勤管理保障网络就是能提供这种能力的基础。所谓"战勤管理保障网络"是指为了保障现代战争所需,以基地等保障实体为依托,把各种保障资源按一定的要求和原则合理部署,形成网络化布局的保障体系[352]。

在现代战争中,保障网络是敌对双方为达到其战役、战略目的而进行干扰、破坏的主要对象。在高技术兵器多方位、长时间、大规模、高精度、强火力的综合立体打击下,保障网络系统的生存能力将受到严重威胁。保障网络影响战争全局的发展,在敌方破坏、自然灾害和技术故障等威胁条件下,保障网络必须具备较高的抗毁性。如果保障网络的抗毁性差,极易导致网络装备无法正常发挥其效能,或造成保障网络瘫痪、指挥失灵,影响战争结局。马岛战争、海湾战争、科索沃战争已经给出了最切实的例证。尤其是海湾战争,总共历时 42 天,战略空袭就占了 38 天,可以说,海湾战争就是保障网络的袭击战。目前,外军在保障网络化研究与建设方面已经达到实用程度。据报道,美军一个师配备保障计算机180台,形成了保障指挥自动化系统,并已在海湾战争中发挥了重要作用。我国在这方面仅处于探索阶段,离适应现代化局部战争的保障要求还有很大的差距。所以,为了取得未来军事斗争的胜利,维护祖国的统一和领土完整,非常有必要开展保障网络的抗毁性研究,以增强我军在现代高技术局部战争中的保障能力。

战勤管理保障网络表现为以保障对象、保障基地、保障仓库、交通枢纽等要素为网络结点,以公路、铁路、水路、海运、空运等运输线路为网络边的复杂网络结构。影响保障网络性能的因素有很多,其中网络的拓扑结构扮演着最重要的角色。下面,我们就将运用本文前几章建立的模型和方法分析战勤管理保障网络拓扑结构的抗毁性。

7.1.2 数据描述

我们选取粤东地区(汕头、汕尾、潮州、梅州、河源、惠州和揭阳)的战勤管理保障网络(简称YD)为例,从中抽取出保障网络的基本要素,进行应用示例研究。

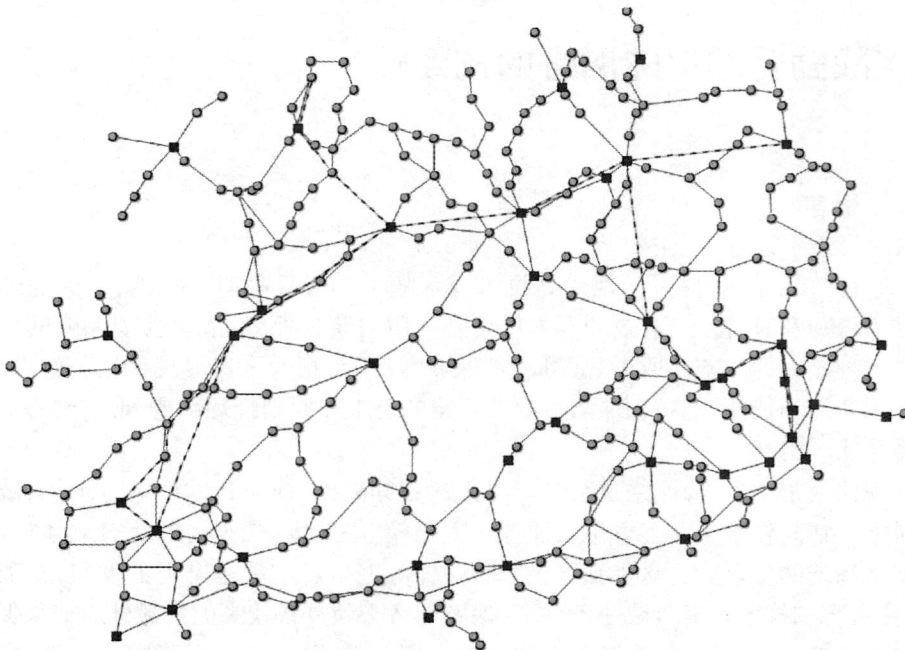

图7.1 粤东地区战勤管理保障网络拓扑结构图

从行政区划来讲,粤东地区共有7个地区,38个区、县(自治县)和县级市,530多个乡(民族乡)、镇和街道,总面积59113.9平方公里。我们选取所有31个县级单位设置仓库节点,选取部分处于交通要冲或处于重要交通路线上的乡镇作为交通枢纽节点,将这些节点上的公路和铁路作为边。由于本文主要研究保障网络的拓扑结构,所以我们不区分仓库节点和交通枢纽节点,也不区分公路和铁路,而且忽略节点之间的多重边。整个保障网络包含316个节点和425条边,网络的拓扑结构如图7.1所示,其中方块表示仓库,圆圈表示交通枢纽,实线表示公路,虚线表示铁路。作为对照,我们通过ER模型生成与YD具有相同节点和边数量的随机网络(简称ER)。

7.1.3　分析结果

图7.2给出了YD和ER的度分布(参见1.2.1.2节),图7.3给出了YD和ER的秩分布(参见2.1节)。可以看出YD和ER的度分布都很均匀,其中YD中56%的节点度均为2,最大度仅为9。我们计算YD和ER的标准秩分布熵(参见2.2节),其值分别为0.2807和0.3135。这表明YD比ER更加均匀。

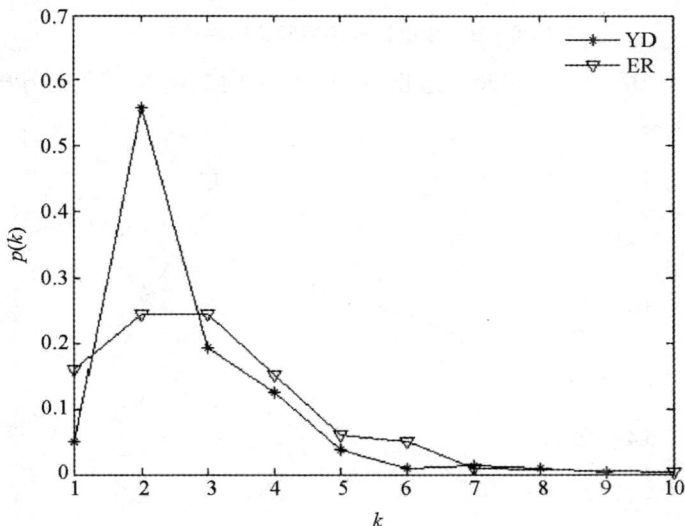

图7.2　战勤管理保障网络的度分布

图7.4给出了YD和ER的邻居平均度函数(参见1.2.1.2节)。可以看出,YD的邻居平均度随节点的度呈震荡上升趋势,即度大的节点倾向于和度大的节点相连,这意味着YD是同配网络;ER的邻居平均度随节点的度呈震荡下降趋势,即度大的节点倾向于和度小的节点相连,这意味着ER是异配网络。我们计算YD和ER的度关联系

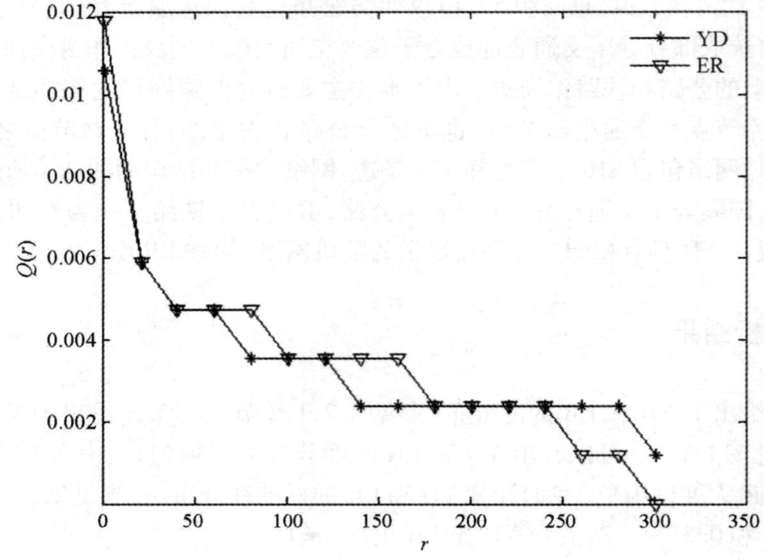

图 7.3　战勤管理保障网络的秩分布

数，其值分别为 0.073 和 −0.036。这也说明 YD 是同配网络，ER 是异配网络，但是度关联的程度都很弱。

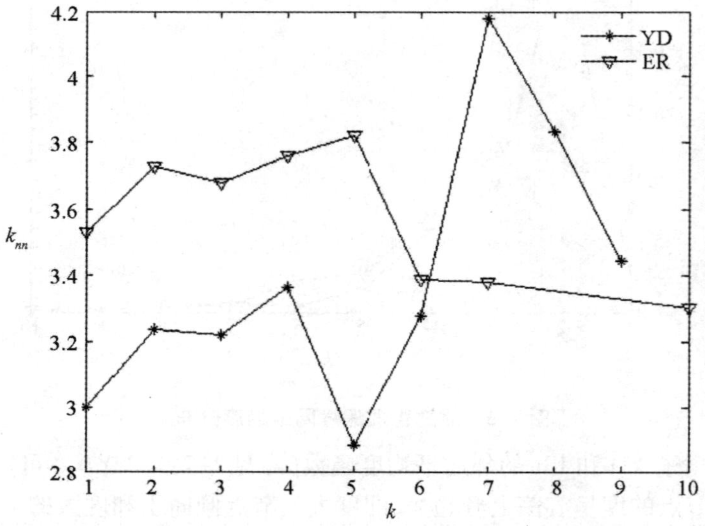

图 7.4　战勤管理保障网络的邻居平均度函数

图 7.5 给出了 YD 和 ER 的富人俱乐部连通度(双对数坐标图,参见 1.2.1.2 节)。可以看出,YD 和 ER 都没有呈现出明显的富人俱乐部现象。节点度大的"富人"之间与节点度小的"穷人"之间连接紧密程度差别不是很大,最大的 10% 节点之间边密度仅为 4% 。

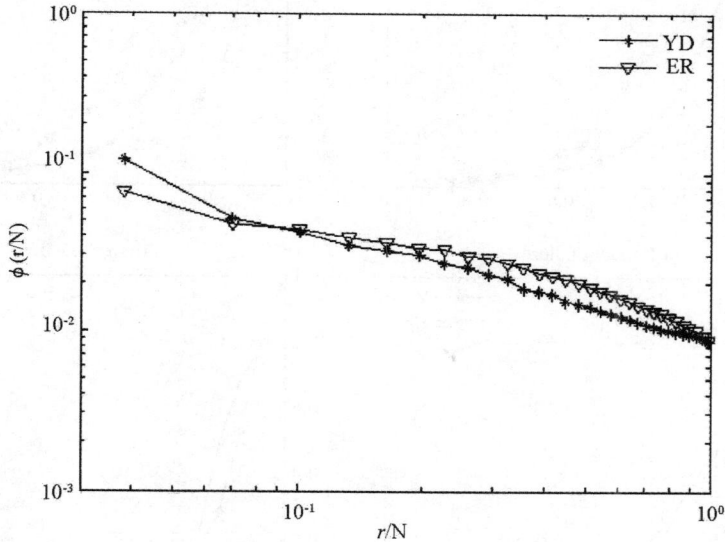

图 7.5　战勤管理保障网络的富人俱乐部连通度

图 7.6 给出了 YD 和 ER 在不同攻击信息参数组合 (α,δ) 条件下巨组元规模 S 随节点移除比例 f 变化图(参见第 3 章)。可以看出,在随机失效条件下 YD 抗毁性非常强,随机移除 20% 的节点后,网络的最大连通片中仍然包含约 70% 节点,当随机移除 52.5% 的节点后网络才崩溃。当能够随机获取 50% 的节点信息时,网络的抗毁性稍有下降,但网络崩溃的临界移除比例仍然为 52.5% 。但是,如果我们能够获取更多、更有价值的攻击信息时,YD 的抗毁性将大幅下降:当 $(\alpha,\delta)=(0.1,2)$ 时,网络崩溃的临界移除比例下降为 37.5% ;当能够获取完全信息时,临界移除比例仅为 17.5% 。此外,通过比较 YD 和 ER 可以看出,当移除节点比例较少时,YD 比 ER 抗毁性好,当移除节点比例较多时,ER 比 YD 抗毁性好。

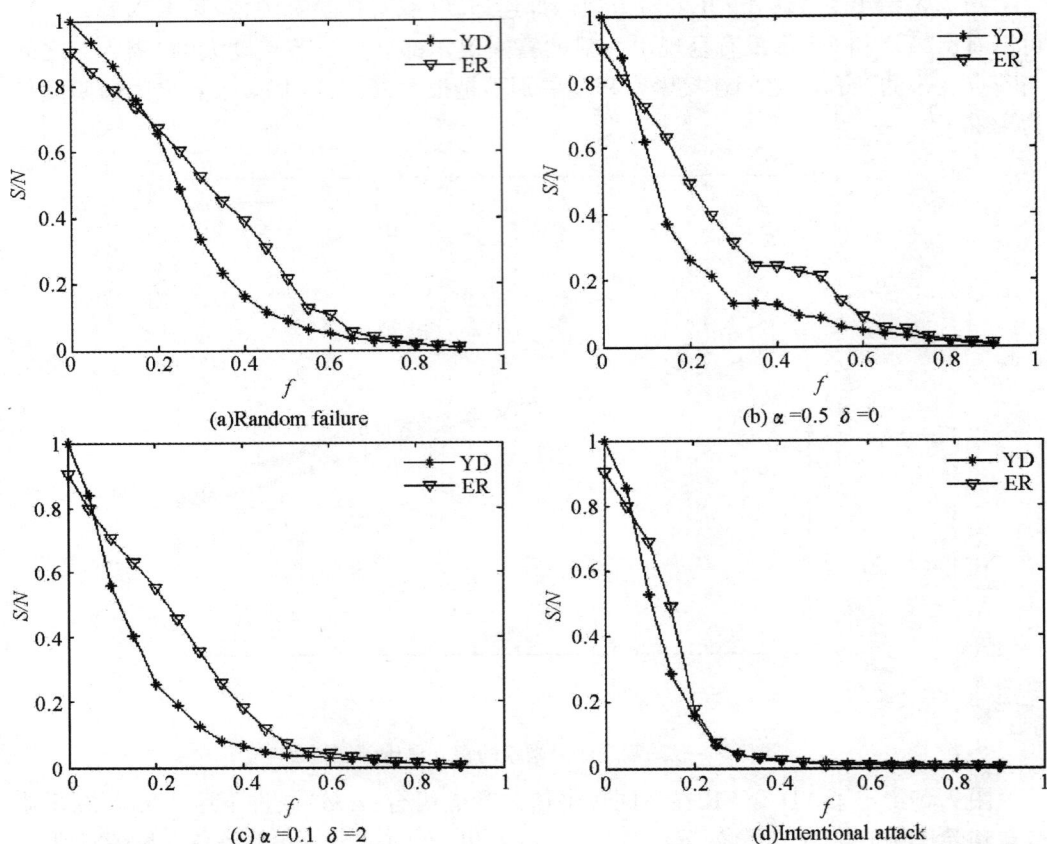

图 7.6　战勤管理保障网络在不完全信息条件下的抗毁性

我们计算 YD 和 ER 的自然连通度(参见第 4 章),其值分别为 1.2205 和 1.2045。这表明在自然连通度测度下,YD 比 ER 抗毁性略强。我们以 YD 作为初始解,选取禁忌表长度 $L=10$、候选解集规模 $n_{candidate}=10$ 以及最大持续迭代步数 $n_{iteration}=20$ 作为优化参数,使用基于禁忌搜索的优化算法对抗毁性进行优化(参见第 6 章),自然连通度 $\bar{\lambda}$ 随迭代次数 n 的变化如图 7.7 所示,最优抗毁性网络的自然连通度为 2.15。由于优化过程仅考虑网络边的数量约束以及连通性约束,没有考虑实际地域约束,所以优化结果仅作参考,但这至少说明目前保障网络的拓扑结构还有很大优化空间。

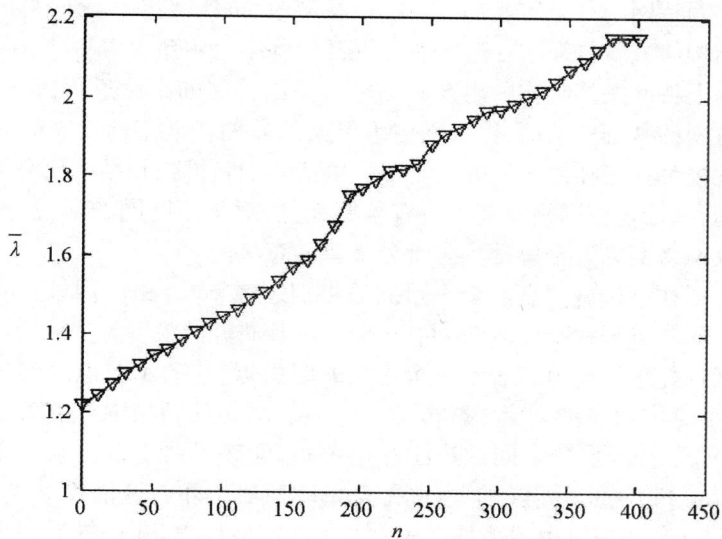

图 7.7　战勤管理保障网络抗毁性优化

7.2　因特网的抗毁性

7.2.1　引言

因特网(Internet)是一组全球信息资源的总汇,是由许多小的网络互联而成的一个逻辑网,每个子网中连接着若干台计算机。因特网以相互交流信息资源为目的,基于一些共同的协议,并通过许多路由器和公共互联网而成,是一个信息资源和资源共享的集合。因特网起源于 1969 年诞生于美国的 ARPANET。ARPANET 是由美国国防部高级研究计划局 DARPA(Defense Advanced Research Projects Agency)的前身 ARPA 建立的,最初建立是基于军事研究目的。因特网作为当今人类社会信息化的标志,其规模正以指数速度高速增长。如今因特网的"面貌"已与其原型 ARPANET 大相径庭,依其高度的复杂性,可以将其看作一个由计算机构成的"生态系统"。虽然因特网是人类亲手建造的,但却没有人能说出这个庞然大物看上去到底是个什么样子,运作得如何[353]。

"结构决定功能"。拓扑结构作为因特网这个自组织系统的"骨骼",与流量、协议共同构成描述因特网的三个组成部分。在因特网中,拓扑结构决定了网络的许多性质。因特网拓扑结构研究就是探求在这个看似混乱的网络之中蕴含着哪些还不为我们所知的规律。揭示因特网拓扑结构的内在机制是认识因特网的必然过程,是在更高层次上开发利用因特网的基础。然而,因特网与生俱来的异构性动态性发展的非集中性以及如今庞大的规模都给拓扑结构研究带来巨大挑战。因特网拓扑结构研究至今仍然是一个开放性问题,在计算机网络研究中占有重要地位,对于因特网的建模分析、协议的设计与优化以及网络信息安全等都具有十分重要的意义。

因特网的拓扑结构主要有两个不同抽象级别逻辑拓扑:路由器级(Router level)与自治系统级(Autonomous Systems level,AS level),其研究的粒度方法和应用范围各有不同。路由器级拓扑结构中节点表示一个主机或路由器,边表示节点之间的逻辑连接关系,一般表示节点之间在网络层一跳可达[354]。AS 级拓扑结构中节点表示一个自治系统,边则表示两个自治系统之间的边际互连关系,即如果两个自治系统之间存在 BGP(Border Gateway Protocol)协议的下一跳关系,则认为两个自治系统之间存在一条边[355]。由于 Internet 中路由器数量太大以及某些商业原因,获得准确的大规模路由器级拓扑结构非常困难。因此,本文重点关注 AS 级拓扑结构。为简单起见,我们假定 BGP 路由是可逆的(实际网络中该假设并不一定成立,因为自治系统之间的连接可能具有不同的商业关系[356]),这样 AS 级拓扑结构可以抽象成无向图。1999 年,Faloutsos 等[78]研究发现因特网 AS 级拓扑结构存在三种幂律:度分布服从幂率、度秩函数服从幂率、特征根服从幂率,进而掀起了因特网拓扑结构研究的热潮。这项研究的贡献并不仅仅在于发现了幂律特征,作为一个里程碑,它的作用更在于清晰地告诉人们:因特网并不像人们一直假设的那样符合随机网络的特征,而是具有很多自身的独特属性,这意味着以前我们基于随机网络得到的结论都不再成立。

因特网的拓扑结构的抗毁性对整个网络的正常运行具有重要影响。在第 1 章中我们介绍了 2006 年南海台湾附近发生地震造成因特网大面积瘫痪的例子。这些现实世界中的灾难提醒我们必须关注因特网的抗毁性。如何评价、分析、优化、控制因特网的抗毁性成为各个领域研究人员共同关注的焦点[79]。

7.2.2　数据描述

AS 级拓扑的获得有两种方案[355]:(1)被动测量:通过分析多个自治系统的 BGP 边界路由器的 BGP 路由表和路由更新消息推测出 AS 级拓扑,典型的例子有 Routeviews 项目;(2)主动测量:通过在若干个探测点向一组探测目标主动发送 Traceroute 包,收集探测结果,并将 IP 层次的路由映射到 AS 层的路由而获得,典型的例子有 CAIDA

Skitter 项目。被动测量易于实现，但获得的仅仅是控制层面的拓扑，真实流量是否经由特定的链路并不确定。另外，通过推测 BGP 路由信息无法获得未对外发布的私有连接。主动测量方法相对较难实现，但展现的是数据层面的拓扑。

我们考虑两个真实因特网 AS 级拓扑结构：全球因特网 AS 级拓扑结构 ITDK0304，中国因特网 AS 级拓扑结构 CN05。

ITDK0304[357] 来源于 CAIDA Skitter 项目发布的最新数据集，共包含 9204 个节点和 28959 条边。CAIDA(The Cooperative Association for Internet Data Analysis) 是一个对全球范围因特网结构及数据进行研究的国际合作机构，研究的主要内容包括因特网的产生、发展及演化趋势以及因特网宏观拓扑结构的变化规律。CAIDA 的目标是为协助建造和保持一个健壮的、可扩展的全球互联网结构提供工具和分析手段，目前在世界范围内的参与者共有 30 余家，主要分布在北美洲、欧洲的许多国家中的研究院所、军事机构及高等学府中，亚洲仅有三家，其中两家在日本东京，另外一家在中国东北大学复杂网络研究中心。

CN05[358] 是由中国科学院计算技术研究所采用主动测量方法测得，共包含 84 个节点和 211 条边。他们在 2005 年 5 月的第一星期内，从中国内地六个主要因特网服务提供商(ISPs) 收集 Traceroute 数据：中国科技网(China Science and Technology Net，CSTNET)，中国教育科研网(China Education and Research Net，CERNET)，首都信息发展有限公司(CAPINFO Company Limited)，中国电信(China Telecom)，中国网通(China Netcom)，中国长城互联网(China Great Wall Net，CGWNET)。然后，采用和 CAIDA 相同的 IP 映射方法得到中国因特网 AS 级拓扑结构图。

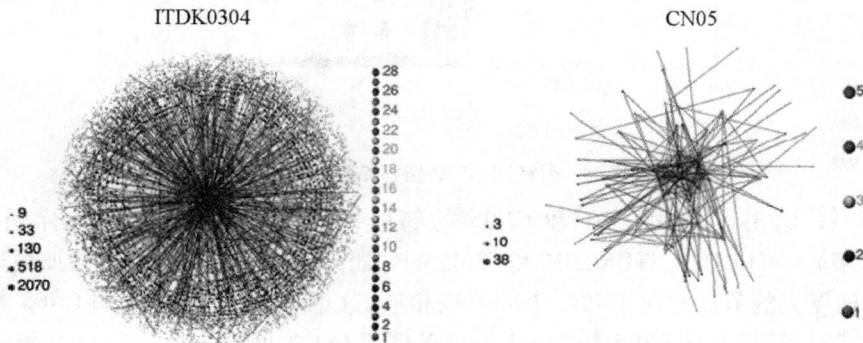

图 7.8　因特网 AS 级拓扑结构图

为了直观展现 AS 级拓扑结构，如图 7.8 所示，我们使用 LaNet 绘制了 ITDK0304 和 CN05 的拓扑结构图，其中节点的大小与度的大小成比例，节点的颜色灰度表示其核值(coreness)。

7.2.3 分析结果

图 7.9 给出了 ITDK0304 和 CN05 的度分布（双对数坐标图，参见 1.2.1.2 节），图 7.10 给出了 ITDK0304 和 CN05 的秩分布（双对数坐标图，参见 2.1 节）。可以看出 ITDK0304 和 CN05 的度分布图和秩分布图在双对数坐标下均呈直线，无标度指数分别为 -2.25 和 -2.21。这意味着 ITDK0304 和 CN05 均为无标度网络。我们计算 ITDK0304 和 CN05 的标准秩分布熵（参见 2.2 节），其值分别为 0.4602 和 0.6005。这表明 ITDK0304 比 CN05 都非常不均匀，但相比较而言 ITDK0304 比 CN05 更加均匀。

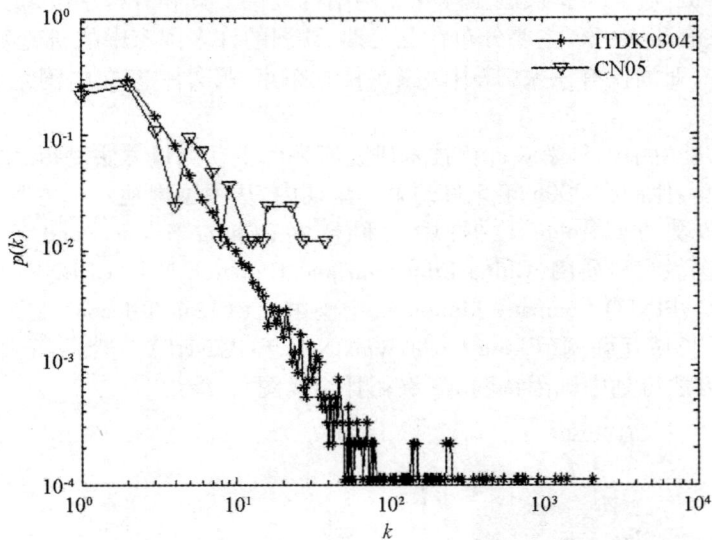

图 7.9　因特网 AS 级拓扑结构的度分布

图 7.11 给出了 ITDK0304 和 CN05 的邻居平均度函数（双对数坐标图，参见 1.2.1.2 节）。可以看出，ITDK0304 和 CN05 的邻居平均度函数均随度的增加呈近似幂率递减，即度大的节点倾向于和度小的节点相连，这意味着 ITDK0304 和 CN05 都是异配网络。我们计算 ITDK0304 和 CN05 的度关联系数（参见 1.2.1.2 节），其值分别为 -0.2356 和 -0.3282。这也说明 ITDK0304 和 CN05 都是异配网络，但相比较而言 CN05 的异配关联程度比 ITDK0304 更强。

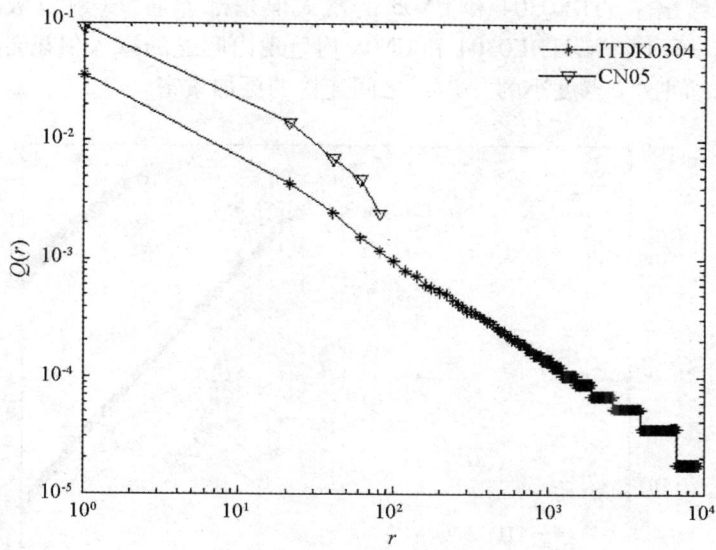

图 7.10　因特网 AS 级拓扑结构的秩分布

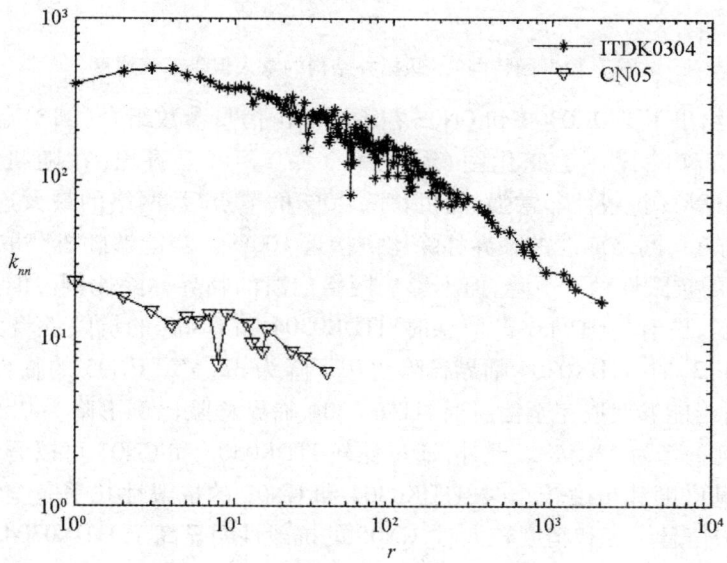

图 7.11　因特网 AS 级拓扑结构的邻居平均度函数

图 7.12 给出了 ITDK0304 和 CN05 的富人俱乐部连通度（双对数坐标图，参见 1.2.1.2 节）。可以看出，ITDK0304 和 CN05 均呈现出明显的富人俱乐部现象，节点度大的"富人"之间比节点度小的"穷人"之间连接的更加紧密。

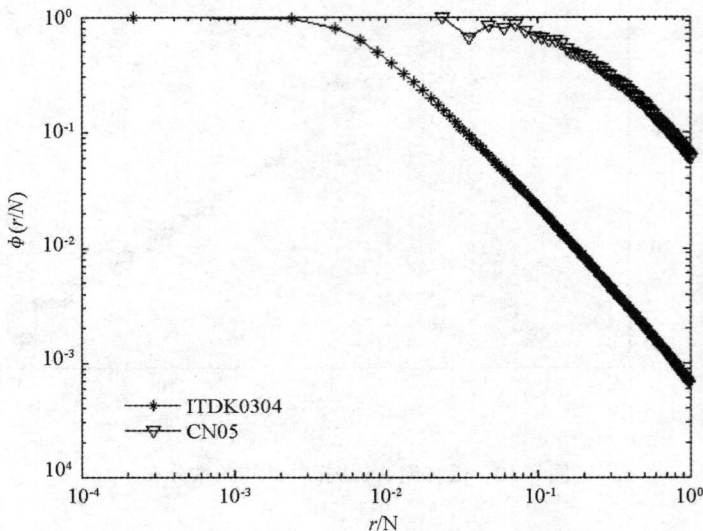

图 7.12　因特网 AS 级拓扑结构的富人俱乐部连通度

图 7.13 给出了 ITDK0304 和 CN05 在不同攻击信息参数组合 (α, δ) 条件下巨组元规模 S 随节点移除比例 f 变化图（参见第 3 章）。可以看出，在随机失效条件下 ITDK0304 和 CN05 抗毁性非常强，随机移除 40% 的节点后，网络的最大连通片中仍然包含 50% 的节点，网络崩溃的临界移除比例接近 100%。当能够随机获取 50% 的节点信息时，网络的抗毁性稍有下降，但不影响网络崩溃的临界移除比例。但是，如果我们能够获取更多、更有价值的攻击信息时，ITDK0304 和 CN05 的抗毁性将大幅下降：当 $(\alpha, \delta) = (0.1, 2)$ 时，ITDK0304 临界移除比例下降为 32.5%，CN05 的临界移除比例下降为 67.5%；当能够获取完全信息时，ITDK0304 临界移除比例下降为 7.5%，CN05 的临界移除比例下降为 22.5%。此外，通过比较 ITDK0304 和 CN05 可以看出，当获取的网络攻击信息广度和精度较小时，ITDK0304 和 CN05 的抗毁性几乎完全相同，但当获取的网络攻击信息广度和精度较大时，CN05 的抗毁性明显高于 ITDK0304。

因为 ITDK0304 和 CN05 的网络规模不相同，为了比较两者的抗毁性，我们计算 ITDK0304 和 CN05 的标准自然连通度 $\bar{\lambda}$（参见第 4 章），其值分别为 0.0077 和 0.0792。这表明在自然连通度测度下，CN05 的抗毁性明显高于 ITDK0304，这与临界移除比例的测度结果吻合。

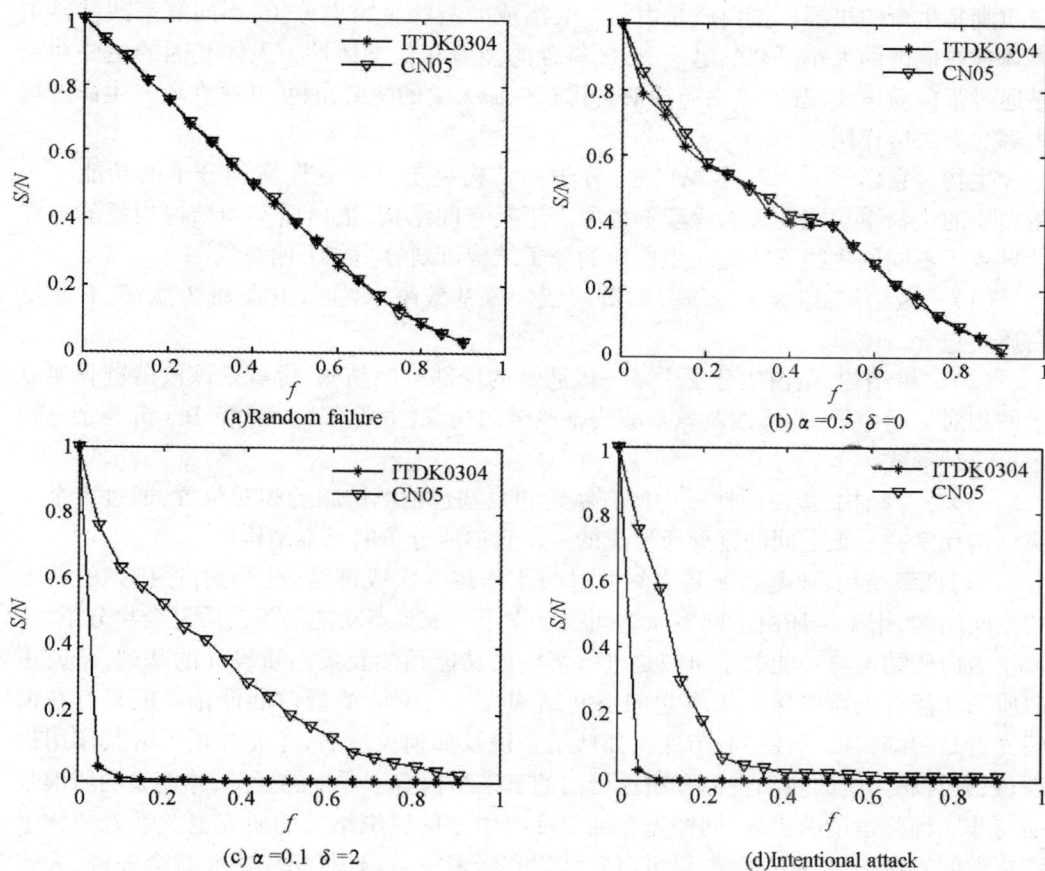

图 7.13　因特网 AS 级拓扑结构在不完全信息条件下的抗毁性

7.3　蛋白质分子结构的抗毁性

7.3.1　引言

生物体的重要组成物质是蛋白质和核酸。核酸是遗传信息的载体,而遗传信息的复制、转录和表达则要依靠各种蛋白质才能完成。因此,可以说基因是生命的蓝图,蛋白质则是生命的机器。蛋白质是由氨基酸组成的链状生物大分子,不同氨基酸差异主要体现在侧链的大小、形状、电荷、形成氢键的能力和化学活性。人体基因的主要功能是通过蛋白质来实现的,蛋白质扮演着构筑生命大厦的主要角色,几乎在所有生命过程中都起着关键作用。

生物信息学的一个基本观点是:分子的结构决定分子的性质和分子的功能[359]。蛋白质的生物学功能在很大程度上也取决于其空间结构,蛋白质空间结构构象的多样性导致了不同的生物学功能。蛋白质的分子结构可划分为如下四级[360]:

(1)一级结构:组成蛋白质多肽链的线性氨基酸序列,主要化学键为肽键,有些蛋白质还包含二硫键。

(2)二级结构:蛋白质分子中某一段肽链的局部空间结构,也就是该段肽链骨架原子的相对空间位置,并不涉及氨基酸残基侧链的构象,主要有 α—螺旋、β—折叠、β—转角等几种形式。

(3)三级结构:蛋白质肽链中所有肽键和残基包括侧链间的相对位置,通过多个二级结构元素在三维空间的排列所形成的一个蛋白质分子的三维结构。

(4)四级结构:亚基和亚基之间通过疏水作用等次级键结合成为有序排列的特定的空间结构,用于描述由不同多肽链间相互作用形成具有功能的蛋白质复合物分子。

蛋白质结构与功能关系研究是进行蛋白质功能预测及蛋白质设计的基础,研究蛋白质的功能首先需要深入了解它的空间结构[361]。例如,酶蛋白的催化功能只有在彻底弄清楚酶结构的活性中心与底物如何结合以及如何反应后,才能真正了解其作用机理;只有对肌肉中的肌动蛋白和肌球蛋白的三维结构有了详细的了解,才能说明肌肉收缩与非肌细胞运动的机理;同样光合细菌反映中心的三维结构的研究也关系着植物生物化学的发展。另一方面,如果蛋白质结构有错误或缺损,其相应功能就会失调,人体就会生病。目前已知二十多种疾病(老年痴呆症、疯牛病等)与蛋白质的错误折叠有关。更进一步,结构也可以改变功能。人类对复杂疾病的征服需要落实到对蛋白质结构的研究和对蛋白质结构与功能之间关系的研究。新产生的蛋白质工程(protein engineering)技术就是根据蛋白质结构规律,利用现代生物技术对现有蛋白质进行结构改造,从而有目的地改变其功能,如提高酶的活性、增加稳定性,设计艾滋病病毒转蛋白酶抑制剂。

近年来,蛋白质分子结构的刚性(rigidity)受到广泛关注[362-367]。所谓蛋白质结构刚性是指在各种化学键作用力的约束下,蛋白质保持其空间结构不发生形变的能力。蛋白质分子结构刚性分析的主要任务是识别并定位蛋白质分子结构的刚性区域(rigid regions)和柔性区域(flexible regions),进而评估分析蛋白质中氨基酸对蛋白质分子结构刚性的贡献,识别并定位那些影响刚性的关键氨基酸以及不影响刚性的非关键氨基酸。蛋白质分子结构的刚性对蛋白质的功能具有重要影响,研究蛋白质分子结构的刚性具有广泛的应用前景。例如,很多疾病都是由蛋白质的错误折叠(folding)或开折(unfolding)导致,而蛋白质的折叠或开折又可归结为分子结构刚性的变化[362]。再比如,催化酶(enzyme)的活性部位(active site)在催化过程中需要与底物(substrate)结合,此时分子结构的柔性(flexibility,与刚性相对)可使得催化酶能够通过形变改变其空间结构,从而更好地执行催化作用(catalysis)[365]。此外,蛋白质分子结构刚性分析还可应用于病毒识别和预测[363]。

　　分析蛋白质分子结构的刚性是一个非常复杂的过程,它涉及所有原子的空间位置、化学键作用力的大小、化学键作用力的角度等,精确分析刚性的 Brute force 算法复杂性达到 $o(N^5)$。那么,蛋白质分子的拓扑结构的抗毁性是否与其刚性有关联呢? 如果答案是肯定的,这将极大地简化蛋白质分子结构刚性分析,具有重要的理论和现实意义。接下来,我们将运用本文前几章建立的模型和方法分析蛋白质分子拓扑结构的抗毁性及其对分子结构刚性的影响。

7.3.2　数据描述

　　我们从蛋白质数据库(Protein Data Bank, PDB)中选取腺苷酸激酶(Adenylate Kinase, AK)作为应用研究对象。

　　PDB[368] 是全世界最完整的包括蛋白质、核酸、蛋白质–核酸复合物及病毒等生物大分子的三维结构数据库,由美国 Brookhaven 国家实验室建立。目前,PDB 生物大分子结构数据库的内容来自于全世界相关研究者提交的生物大分子的原子坐标、注释、一级结构、二级机构、晶体结构因子、核磁共振(NMR)实验数据,由结构生物信息学研究合作组织(Research Collaboratory for Structural Bioinformatics, RCSB)负责维护,每周大概生成 50 ~ 100 个新数据。这些分子结构信息可以从 PDB 主页检索,也可以通过其镜像站点,或者 FTP 站点下载。建立 PDB 的主要目的是:研究者可查询特定的生物大分子结构信息,对一个或多个结构进行简单分析;可作为因特网上其他相关资源的入口;可以下载结构信息等。RCSB 与欧洲分子生物学研究所(European Molecular Biology Institute, EMBI)和美国国家生物信息中心(National Center for Biotechnology Information, NCBI)紧密合作,保持每个结构数据的一致性,并可以实现与蛋白质序列数据库、核酸序列数据库的交叉检索。AK 是催化腺苷三磷酸(ATP)使腺苷酸(AMP)磷酸化而生成腺苷二磷酸(ADP)反应的酶,最初为 Colowick 和 Kalckar 在肌肉中发现。AK 在维持细胞能量平衡中起着重要作用,新近又发现它与细胞凋亡有着密切的关系。

我们采用由密歇根大学的 Jacobs 和 Thorpe 开发的著名软件 FIRST（Floppy Inclusions and Rigid Substructure Topography）[370]来分析 AK 的刚性,选取自由度（Degree of Freedom, DF）作为主要刚性度量参数。我们采用软件 PyMOL 给出了 AK 的二级空间结构构象的 Cartoon 图,如图 7.14 所示。PyMOL 是一个开放源码,由使用者赞助的分子三维结构显示软件,适用于创作高品质生物大分子的三维结构图。

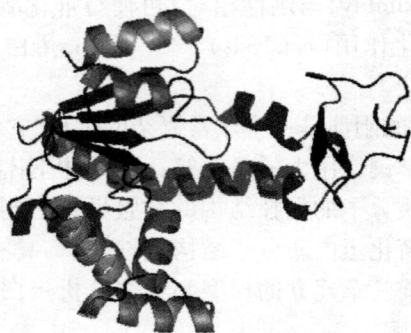

图 7.14　腺苷酸激酶的三维空间构象 Cartoon 图

我们考虑两个层次的蛋白质分子拓扑结构图:原子拓扑结构图,即以原子为节点,化学键为边;氨基酸拓扑结构图,即以氨基酸为节点,如果两个氨基酸之间存在一个或者一个以上的化学键,则在两个氨基酸之间连边。图 7.15 给出了 AK 的原子拓扑结构图 AK_atom,其中包含 2085 个节点,2380 条边。因为蛋白质中主碳原子上的氢原子对整个拓扑结构影响很小,所以图 7.15 中不包含主碳原子上的氢原子。图 7.16 给出了 AK 的氨基酸拓扑结构图 AK_amino,其中包含 214 个节点,444 条边。

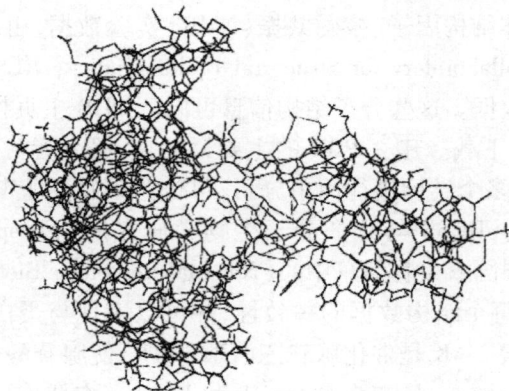

图 7.15　腺苷酸激酶的原子拓扑结构图

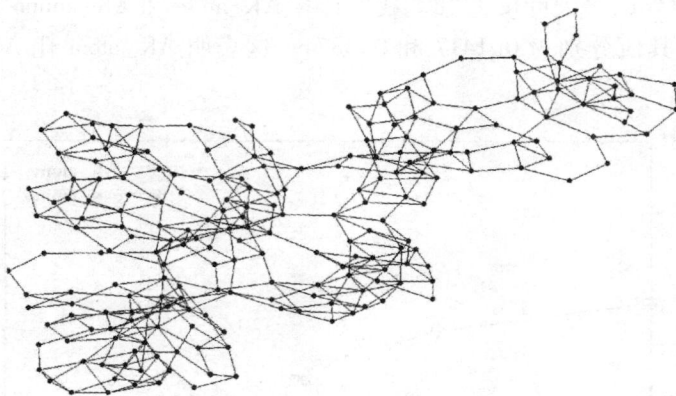

图 7.16　腺苷酸激酶的氨基酸拓扑结构图

7.3.3　分析结果

　　图 7.17 给出了 AK_atom 和 AK_amino 的度分布(参见 1.2.1.2 节),图 7.18 给出了 AK_atom 和 AK_amino 的秩分布(参见 2.1 节)。可以看出 AK_atom 和 AK_amino 的度分布都很均匀,其中 AK_atom 中 45%的节点度均为 3,最大度仅为 5,AK_amino 中

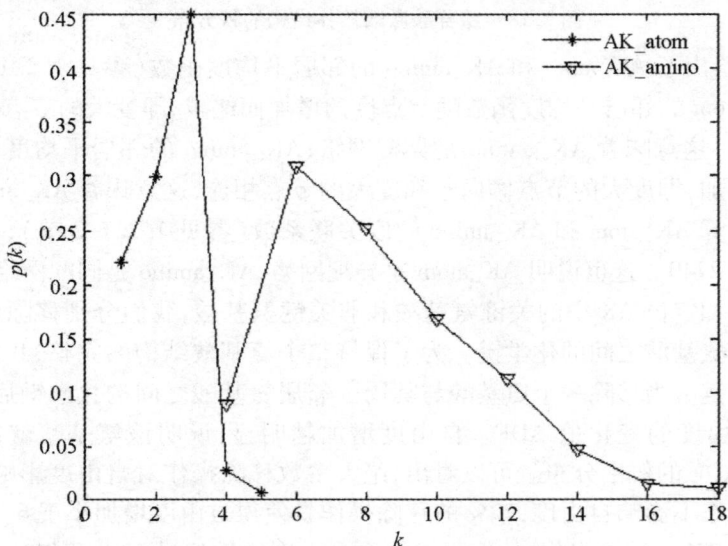

图 7.17　腺苷酸激酶拓扑结构的度分布

30% 的节点度均为 6，最大度仅为 18。我们计算 AK_atom 和 AK_amino 标准秩分布熵（参见 2.2 节），其值分别为 0.1417 和 0.3374。这表明 AK_atom 比 AK_amino 更加均匀。

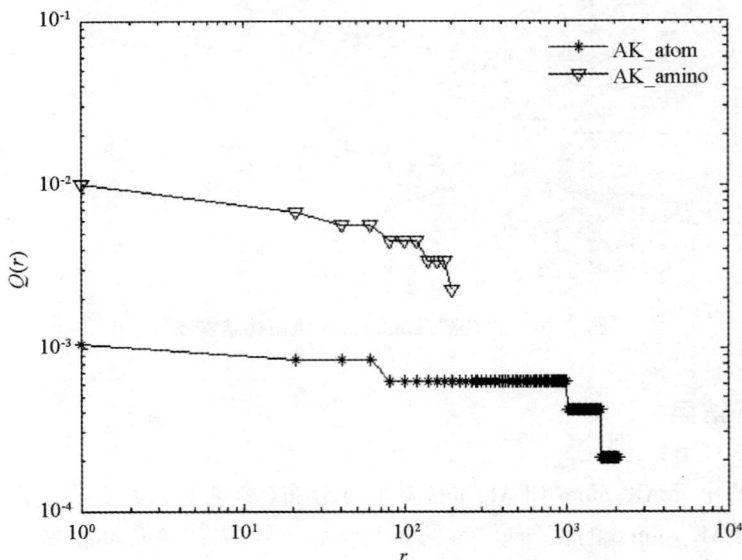

图 7.18　腺苷酸激酶拓扑结构的秩分布

图 7.19 给出了 AK_atom 和 AK_amino 的邻居平均度函数（参见 1.2.1.2 节）。可以看出，AK_atom 的邻居平均度函数随节点度的增加而递减，即度大的节点倾向于和度小的节点相连，这意味着 AK_amino 是异配网络；AK_amino 的邻居平均度函数随节点度的增加而增加，即度大的节点倾向于和度大的节点相连，这意味着 AK_amino 是同配网络。我们计算 AK_atom 和 AK_amino 的度关联系数（参见 1.2.1.2 节），其值分别为 -0.1871 和 0.2749。这也说明 AK_atom 是异配网络，AK_amino 是同配网络。

　　为了识别和定位 AK 中的关键氨基酸和非关键氨基酸，我们分别移除每个氨基酸与其周围邻居氨基酸之间的化学键。为了保持整个氨基酸结构的完整，我们在删除化学键时保留肽链。当移除一个氨基酸与其周围邻居氨基酸之间的化学键后，重新通过 FIRST 计算自由度的变化值 ΔDF。自由度增加越明显，说明该氨基酸就越重要。图 7.20 给出了 ΔDF 的概率分布。可以看出，绝大多数移除操作对自由度影响很小，其中 18% 的移除操作不影响自由度，72% 的移除操作只使得自由度增加小于 6。但是，我们也可看出存在 7% 的移除操作，他们可以使得自由度增加超过 10。我们通过自由度增加值 ΔDF 对氨基酸进行排序，可以找出关键氨基酸和非关键氨基酸。

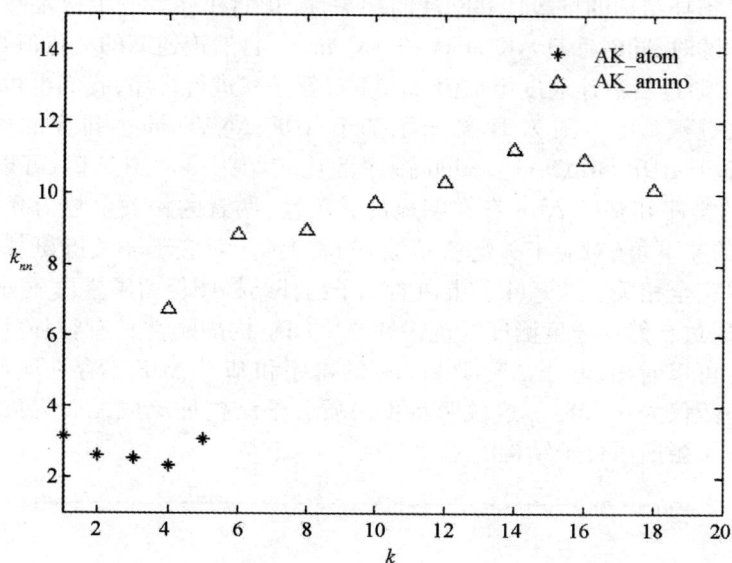

图 7.19 腺苷酸激酶拓扑结构的邻居平均度函数

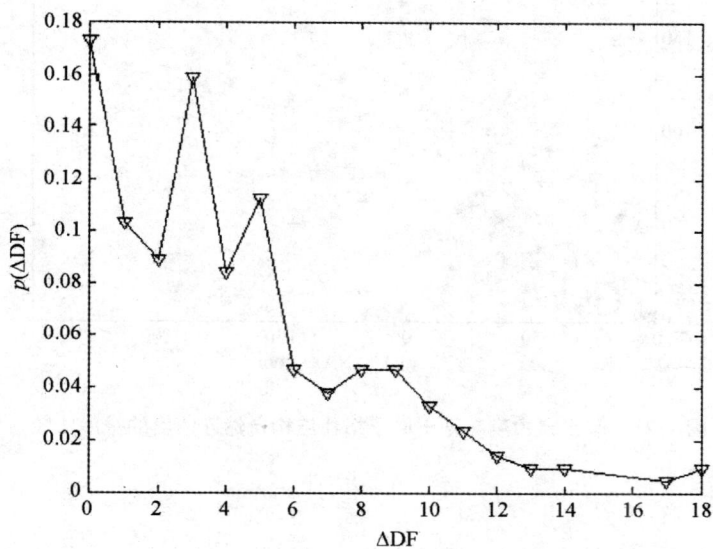

图 7.20 腺苷酸激酶分子结构自由度增加值的概率分布

　　为了考察拓扑结构的抗毁性和刚性的相关性,我们在移除一个氨基酸与其周围邻居之间的化学键时,同时计算 AK_atom 和 AK_amino 自然连通度的变化值 ΔNAT_atom、ΔNAT_amino。通过自然连通度增加值 ΔNAT 对氨基酸进行排序,我们也可以找出关键氨基酸和非关键氨基酸。图 7.21 给出了基于 ΔDF、ΔNAT_atom 排序的比较结果,图 7.22 给出了基于 ΔDF 和 ΔNAT_amino 排序的比较结果。从图 7.21 可以看出,基于 ΔNAT_atom 的排序和基于 ΔDF 存在明显的相关性,两者的相关系数为 0.7471。特别是在图 7.21 的左下角(对应于关键氨基酸)和右上角(对应于非关键氨基酸),两种方法的排序几乎完全相关。这意味着蛋白质原子拓扑结构图保留了蛋白质分子结构的刚性信息,而且通过自然连通度测度的抗毁性与空间结构的刚性具有很强的关联性。但是,从图 7.22 可以看出,基于 ΔNAT_amino 的排序和基于 ΔDF 不存在明显的相关性,两者的相关系数仅为 0.5287。这说明将蛋白质分子结构抽象成无向无权的氨基酸拓扑结构图损失了蛋白质分子结构的刚性信息。

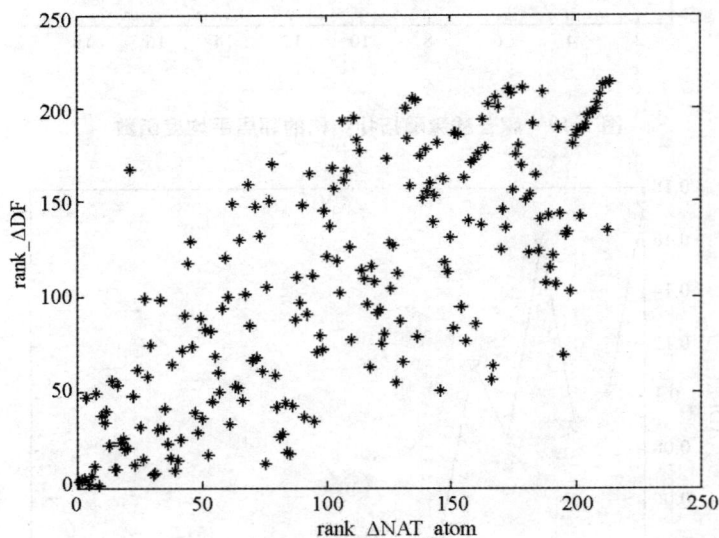

图 7.21　基于自由度与基于原子拓扑结构自然连通度的排序比较

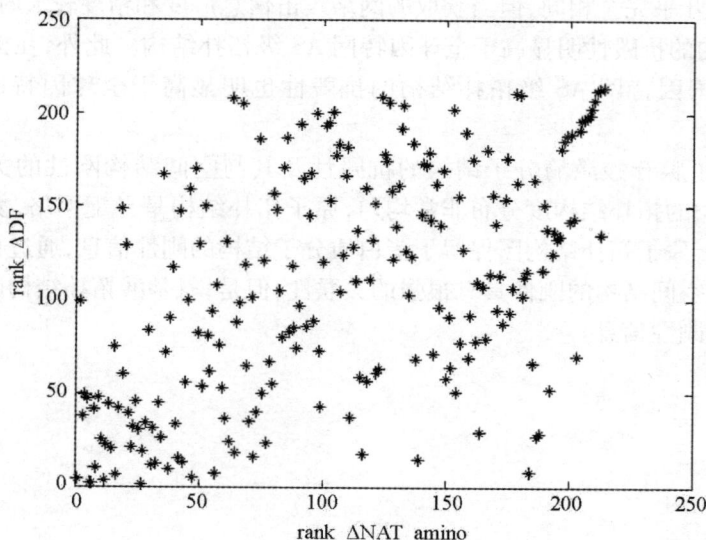

图 7.22 基于自由度与基于氨基酸拓扑结构自然连通度的排序比较

7.4 本章小结

本章将分别以战勤管理保障网络、因特网、蛋白质分子结构为背景展开了复杂网络拓扑结构抗毁性应用研究。其主要工作包括：

(1)研究了粤东地区战勤管理保障网络的抗毁性。结果表明，该网络度分布都很均匀，呈现出较弱的同配关联模式，在随机失效条件下抗毁性非常强，但是，如果能够获取更多、更有价值的攻击信息时，该网络的抗毁性大幅下降。此外，在自然连通度测度下，该网络比相同规模及边数量的随机网络抗毁性好，使用基于禁忌搜索的优化算法可大幅提高该网络的抗毁性。

(2)研究了全球因特网 AS 级拓扑结构和中国因特网 AS 级拓扑结构的抗毁性。结果表明，全球因特网 AS 级拓扑结构和中国因特网 AS 级拓扑结构均为无标度网络，但相比较而言，全球因特网 AS 级拓扑结构比中国因特网 AS 级拓扑结构更加均匀；全球因特网 AS 级拓扑结构和中国因特网 AS 级拓扑结构均为异配网络，但相比较而言，中国因特网 AS 级拓扑结构的异配关联程度比全球因特网 AS 级拓扑结构更强；当获取的网络攻击信息广度和精度较小时，全球因特网 AS 级拓扑结构和中国因特网 AS 级拓扑结构的抗毁性几乎完全相同,但当获取的网络攻击信息广度和精度较大时,中国因特网 AS 级拓扑结构的抗毁性明显高于全球因特网 AS 级拓扑结构。此外,在标准自然连通度测度下,中国因特网 AS 级拓扑结构的抗毁性也明显高于全球因特网 AS 级拓扑结构。

　　(3)研究了腺苷酸激酶分子结构的抗毁性及其与空间结构刚性的关系。结果表明,腺苷酸激酶的拓扑结构度分布非常均匀,原子拓扑结构是异配网络,氨基酸拓扑结构是同配网络,原子拓扑结构图保留了蛋白质分子结构的刚性信息,通过自然连通度测度的抗毁性与空间结构的刚性具有很强的关联性,但是,氨基酸拓扑结构图损失了蛋白质分子结构的刚性信息。

第8章 结束语

"结构决定功能",复杂网络拓扑结构的抗毁性对其功能和动力学行为具有重要影响,研究复杂网络拓扑结构的抗毁性具有重要理论及应用价值。本文以复杂网络理论为指导,以复杂网络抗毁性研究需要解决的三个科学问题为线索,综合运用图论、统计物理、运筹学、概率论、矩阵论、数理统计、计算机仿真等多学科领域知识,系统深入地研究了复杂网络拓扑结构抗毁性的建模、分析、优化及应用。本章对全文的主要工作进行总结,并对未来工作进行展望。

8.1 本文主要工作

（1）理论铺垫

首先提出了一种新的复杂网络拓扑结构属性——秩分布,严格推导了秩分布与度分布的数学关系,进而解析给出了无标度网络的度秩函数与秩分布。研究表明,当标度指数 $\gamma > 2$ 时,无标度网络的度秩函数和秩分布仍然满足幂律,但当标度指数 $1 < \gamma < 2$ 时,幂律度分布与幂律度秩函数不再等价。其次,解析给出了标度指数 $\gamma > 1$ 时无标度网络的最大度与平均度,而以前的解析结果仅当 $\gamma > 2$ 时有效。最后,以秩分布为基础,提出了一种新的复杂网络拓扑结构非均匀性——秩分布熵,解析给出了无标度网络的秩分布熵。

（2）复杂网络拓扑结构抗毁性建模

首先扩展了现有基于随机失效和故意攻击的抗毁性模型,将攻击信息获取过程抽象成无放回的不等概率抽样问题,建立了不完全信息条件下的复杂网络拓扑结构抗毁性模型,利用概率母函数方法解析推导了随机信息和优先信息条件下具有任意度分布广义随机网络的两个重要抗毁性度量参数——巨组元规模以及临界移除比例,并以无标度网络为例对一般攻击信息参数组合进行了仿真分析。研究表明,随机隐藏少量节点信息将大幅度提高复杂网络的抗毁性,获取少量重要节点的信息就可以大幅度降低复杂网络的抗毁性。

其次,针对现有复杂网络拓扑结构抗毁性研究的不足,提出了一个基于邻接矩阵特征谱的复杂网络抗毁性测度——自然连通度,证明了自然连通度的单调性,给出了自然连通度的上界和下界,并且将其与其他抗毁性指标进行了比较。此外,解析研究了三类典型网络的自然连通度:规则环状格子、随机网络、无标度网络。

（3）复杂网络拓扑结构抗毁性分析

首先通过混合择优模型构造不同度分布的复杂网络研究了度分布对抗毁性的影响,研究表明,在相同条件下,网络度分布越不均匀抗毁性越强。其次,从规则环状格子出发,通过保度随机重连模型和自由随机重连模型研究了小世界性对抗毁性的影响,研究表明,复杂网络的抗毁性与小世界性并不存在必然的相关性:在正则网络中小世界性的增强会减弱网络的抗毁性;在随机网络中,小世界性对抗毁性的影响取决于网络的稀疏程度。最后,通过保度同配随机重连模型和保度异配重连模型研究了度关联性对抗毁性的影响,研究表明同配网络比异配网络的抗毁性更强。

（4）复杂网络拓扑结构抗毁性优化

首先建立了以自然连通度为目标函数,以边的数量为约束条件的复杂网络抗毁性组合优化模型。其次,提出了基于禁忌搜索的复杂网络抗毁性仿真优化算法,设计了变量编码、定义了移动操作、给出了特赦准则、设置了终止准则、给出了算法流程。最后,分析了最优抗毁性网络的若干结构属性,研究表明,最优抗毁性网络的度分布非常不均匀,呈现出明显的同配度关联模式,核心节点之间相互连接紧密形成"富人俱乐部",度很小的末梢节点倾向于在外围互相连接。

（5）复杂网络拓扑结构抗毁性应用

分别研究了粤东地区保障网络、全球及中国因特网 AS 级拓扑结构、腺苷酸激酶分子结构的抗毁性。

8.2　未来工作展望

（1）无向网络→有向网络

本文仅研究了无向网络的抗毁性,即假设相邻节点存在双向连接,但现实世界中很多网络是有向的。例如,道路交通网络中存在单行道,食物链网络具有单向的捕食关系,新陈代谢网络中化学反应具有方向性,等等。如何将现有无向网络中的相关理论和和方法推广至有向网络,或者建立新的理论和方法是下一步需要解决的问题。

（2）无权网络→加权网络

本文仅研究了无权网络的抗毁性,即假设所有节点和边的属性相同,但现实世界中很多网络是加权的。例如,因特网中链路具有不同的带宽,保障网络中公路的等级、里程存在差异,蛋白质分子结构中化学键作用力也有强弱之分,等等。如何将现有无权网络中的相关理论和和方法推广至加权网络,或者建立新的理论和方法是下一步需要解决的问题。

(3)逻辑网络→地理网络

本文仅研究了逻辑网络的抗毁性,即只考虑节点之间连接的拓扑关系,但现实世界中很多网络是地理网络,即节点的位置受地理空间的限制。例如,保障网络中仓库位于不同的地区,蛋白质分子结构中原子处于不同的空间位置。如何将现有逻辑网络中的相关理论和方法推广至地理网络,或者建立新的理论和方法是下一步需要解决的问题。

(4)静态抗毁性→动态抗毁性

本文仅研究了网络的静态抗毁性,即假设一个节点的失效不会导致其他节点的级联失效,但现实世界中节点的失效常常是动态关联的。例如,在负载网络中一个节点的失效导致网络负载的重分配,负载的重分配使得某些节点上的负载超过其负载容量而失效,这些节点的失效又可能导致其他节点的级联失效,最终导致整个网络的级联崩溃。如何将现有静态网络抗毁性中的相关理论和和方法推广至动态网络抗毁性,或者建立新的理论和方法是下一步需要解决的问题。

(5)狭义抗毁性→广义抗毁性

本文仅研究了网络的狭义抗毁性,即网络拓扑结构保持连通的能力,但现实世界中还应该关注更实际的网络性能,考虑更多的影响因素。例如,研究不同路由策略下因特网基于传输时延和丢包率的抗毁性,研究不同调度策略下保障网络基于任务完成率的抗毁性,等等。如何将现有狭义网络抗毁性中的相关理论和和方法推广至广义网络抗毁性,或者建立新的理论和方法是下一步需要解决的问题。

致　谢

　　时光飞逝,不知不觉中五年的博士生学习生涯即将结束了。回首这五年,有快乐、有艰辛,有奋斗、有彷徨,但在此博士论文完成之际,抚卷长思,心中唯存感恩。

　　首先衷心感谢我的导师谭跃进教授。能师从谭老师是我毕生的荣幸,他精深的洞察力、敏锐的思维一直为我钦佩;他渊博的知识、严谨求实的治学态度教会了我如何做学问;他宽厚谦逊、正直无私的处世态度教会了我如何做人,让我受益终身。感谢谭老师多年来对我的鼓励和信任,给了我一片自由翱翔的天空。感谢谭老师多年来一直支持我积极参加学术交流,支持我到中科院计算所访学和伦敦帝国理工学院联合培养,让我见识了外面的世界。衷心感谢师母于尚慈老师多年来对我学习、生活和家庭的关心、照顾。

　　感谢邓宏钟副教授一直以来对我的帮助和指导,他兄长般无微不至的关怀让我倍感温暖。感谢复杂网络课题组的所有同学,李勇、刘斌、吕欣、黄泽汉、杨磊、朱大智、胡兴雨、张学义,在我困惑时他们帮我出谋划策,在我取得成果时他们与我共同分享,与他们的交流讨论让我受益匪浅。感谢实验室的兄弟姐妹,李进、阮启明、刘洋、刘艳琼、张正强、方炎申、唐云岚、谭旭、高妍芳、刑云燕、刘晓春、卢瑾嘉、邢立宁、李兴兵、蔡怀平、刘靖旭、岑凯辉、陈尚志、姜江、熊健、鲁延京、张建勋,他们让我体会到大家庭的和谐与温暖,让我在求学的道路上不感到孤单。

　　感谢管理系陈英武教授、黎新才政委、武小悦教授、李孟军教授、廖良才老师、贺仁杰老师、刘琦老师、杨克巍老师、赵青松老师、王军民老师、李菊芳老师、姚锋老师、张少丁老师对我的关心和帮助。

　　感谢研究生院、学院、学员大队、学员队各级领导的关心和支持,特别是孙才政委、蔡国强政委,他们的殷切期望和亲切关怀给了我不断前进的动力。

　　感谢硕士生队的同学,田田、原瑞政、侯伟刚、王磊、张坚、丛珊、白亮、张海飞、陈祥松、姜军、郑敏、但洪敏、陶恩杰、唐肃武、侯峰,博士生队的同学沈雪石、李苏军、任培、刘翔、王文峰、赵德勇、杨春晖、黄卓、郑龙、蒋平、陈鹏、谭云涛、张园林、徐新文、刘喜春、桂林、胡艳丽、宋莉莉、赵阳、万君、王博,他们的友谊陪伴我走过了难忘的六年青春岁月。

　　感谢伦敦帝国理工学院的 Mauricio Barahona 博士在我赴英国联合培养期间对我的

悉心照顾和指导,他深厚的理论基础、开阔的学术视野以及严谨的科学态度深深影响着我。感谢他帮我修改论文至深夜,感谢他亦师亦友般的关怀。感谢 Sophia Yaliraki 博士、Ramon Grima 博士、Joao Costa 博士、Renaud Lambiotte 博士对我研究工作的帮助。感谢王宝俊、黄红垒、黄源,他们让我在异国他乡的求学生活中充满欢乐。

感谢中科院计算所张国清研究员邀请我赴北京交流访问并给予我悉心照顾和指导,与他的交流讨论给了我很大启发。感谢李军平、张蓉、傅川、张国强、王迪、魏郑浩、周智勇、陈韩林、曹重英、袁斌、李彦君、王天成、杨清峰、范晶对我学习、生活上的帮助。

感谢中科院数学与系统科学研究院汪寿阳教授、北京航空航天大学黄海军教授、北京交通大学高自友教授、上海理工大学车宏安教授、中科院武汉物理与数学研究所范文涛教授、上海交通大学汪小帆教授、北京师范大学狄增如教授、上海理工大学张宁副教授、北京师范大学樊瑛副教授、北京邮电大学吴斌副教授在复杂网络研究中对我的帮助和指导。

叩谢父母养育之恩,他们教我学说话、教我学走路、教我学做人,他们用辛勤的汗水抚育我长大,但从来对我无所求,只是默默注视着我慢慢成人、成才。特别感谢我的妻子孟涛女士,无论我进还是退,无论我高兴还是失落,她都陪在我身边,用她的爱默默支持我、鼓励我,给我勇气、给我信心、给我不断向前的动力,为我营造一处心灵的避风港。真心感谢岳父母在生活上对我的悉心照料,让我毫无后顾之忧,轻装上阵,全身心地投入到学习中去。

再次感谢所有领导、朋友、亲人对我的关心和帮助!

作者在攻读学位期间取得的学术成果

期刊论文

[1] WU Jun, DENG Hongzhong, TAN Yuejin, et al. Vulnerability of complex networks under intentional attack with incomplete information [J]. Journal of Physics A, 2007, 40(11): 2665 – 2671. (SCI 检索: 147WN, IF = 1.68)

[2] WU Jun, TAN Yuejin, DENG Hongzhong, et al. Relationship between degree-rank function and degree distribution of protein-protein interaction networks [J]. Computational Biology and Chemistry, 2008, 32(1): 1 – 4. (SCI 检索: 260RS, IF = 1.837; EI 检索: 09748642)

[3] WU Jun, TAN Yuejin, DENG Hongzhong, et al. Normalized entropy of rank distribution: a novel measure of heterogeneity of complex networks [J]. Chinese Physics, 2007, 16(6): 1576 – 1580. (SCI 检索: 175WQ, IF = 2.103; EI 检索: 072410651854)

[4] WU Jun, TAN Yuejin, DENG Hongzhong, et al. Relationship between degree-rank distributions and degree distributions of complex networks [J]. Physica A, 2007, 383(2): 745 – 752. (SCI 检索: 198MS, IF = 1.43; EI 检索: 09609386)

[5] WU Jun, TAN Yuejin, DENG Hongzhong, et al. A robustness model of complex networks with tunable attack information parameter [J]. Chinese Physics Letters, 2007, 24(7): 2138 – 2141. (SCI 检索: 183MW, IF = 1.276)

[6] WU Jun, DENG Hongzhong, TAN Yuejin, et al. Attack vulnerability of complex networks based on local information [J]. Modern Physics Letters B, 2007, 21(16): 1007 – 1014. (SCI 检索: 245CG, IF = 0.621)

[7] WU Jun, BARAHONA Mauricio, TAN Yuejin, et al. Robustness of regular ring lattices based on natural connectivity [J]. International Journal of Systems Science. (SCI 检索源刊, In Press)

[8] LI Yong, WU Jun, ZHOU An-Quan. Effect of eliminating edges on eobustness of

scale-free networks under intentional attack[J]. Chinese Physics Letters, 2010, 27(6): 068901.(SCI 检索源刊,通讯作者)

[9] Wu Jun, TAN Yuejin, DENG HongZhong, et al. Heterogeneity of scale-free networks[J]. Systems Engineering-Theory & Practice, 2007,27(5): 101 – 105.(EI 检索: 072610674762)

[10] TAN Yuejin, WU Jun, DENG Hongzhong, et al. Maximum degree and average degree of scale-free networks[J]. Dynamics of Continuous, Discrete and Impulsive Systems B, 2007, 14(S7): 60 – 62.(通讯作者)

[11] WU Jun, TAN Yuejin, DENG Hongzhong, et al. A new measure of inhomogeneity of complex networks: entropy of degree sequence[J]. Inter Journal of Complex Systems, 1626, 2006.

[12] 谭跃进, 吴俊. 网络结构熵及其在非标度网络中的应用[J]. 系统工程理论与实践, 2004, 24(6): 1 – 3.(EI 检索: 04358330593, 通讯作者)

[13] 吴俊, 谭跃进. 复杂网络抗毁性测度研究[J]. 系统工程学报, 2005, 20(2): 128 – 131.

[14] 谭跃进, 吴俊, 邓宏钟. 复杂网络中节点重要度评估的节点收缩方法[J]. 系统工程理论与实践, 2006, 26(11): 79 – 83.（EI 检索: 070510400773, 通讯作者）

[15] 吴俊, 谭跃进, 邓宏钟, 李勇. 基于不等概率抽样的不完全信息条件下复杂网络抗毁性模型[J]. 系统工程理论与实践.(EI 检索源刊, 已录用)

[16] 吴俊, 谭跃进, 邓宏钟, 等. 标度指数小于 2 的物标度网络若干性质[J]. 系统科学与数学, 2008, 28(7): 811 – 821.

[17] 吴俊, 谭跃进, 邓宏钟, 等. 考虑级联失效的复杂负载网络节点重要性评估[J]. 小型微型计算机系统, 2007, 28(4): 627 – 630.

[18] 谭跃进, 吴俊, 邓宏钟. 复杂网络抗毁性研究综述[J]. 系统工程, 2006, 24(11): 1 – 5 。(通讯作者)

[19] 谭跃进, 吕欣, 吴俊, 邓宏钟. 复杂网络抗毁性研究若干问题的思考[J]. 系统工程理论与实践. 2008, 28(Suppl):116 – 120。

[20] 邓宏钟, 吴俊, 李勇. 双层小世界网络中的级联失效模型与分析[J]. 计算机仿真, 2008, 24(10): 130 – 136。

[21] 邓宏钟, 吴俊, 李勇, 等. 复杂网络拓扑结构对系统抗毁性影响研究[J]. 系统工程与电子技术, 2008, 30(12): 25 – 28。

[22] 朱大智, 吴俊, 谭跃进, 等. 度秩函数:一个新的复杂网络统计特征[J]. 复杂系统与复杂性科学, 2007, 3(4): 28 – 34.

［23］ 朱大智，吴俊，谭跃进，等．基于度分布的复杂网络拓扑结构的构造［J］．计算机仿真，2007，24（8）：130 – 136.

会议论文

［1］ WU Jun, BARAHONA Mauricio, TAN Yuejin, et al. Robustness of complex networks based on graph spectrum［C］. International Workshop and Conference on Network Science (NetSci'08). Norwich (UK)：2008.

［2］ WU Jun, TAN Yuejin, DENG Hongzhong. Invulnerability of complex networks with incomplete attack information based on unequal probability sampling［C］. International Workshop and Conference on Network Science (NetSci'09). Venice (Italy)：2009.

［3］ WU Jun, BARAHONA Mauricio, TAN Yuejin, et al. Robustness of random networks based on natural connectivity［C］. International Workshop and Conference on Network Science (NetSci'09). Venice (Italy)：2009.

［4］ WU Jun, TAN Yuejin. Finding the most vital node by node contraction in communication networks［C］. 2005 IEEE International Conference on Communications, Circuits And Systems (ICCCAS'05). Hong Kong：2005. (EI 检索：06029635339；ISTP 检索：BCZ13)

［5］ 吴俊，谭跃进．非标度网络理论及其应用研究综述［C］．第十三届系统工程年会．长沙：2004.

［6］ 吴俊，谭跃进．考虑级联失效的复杂负载网络节点重性度评估［C］．第一届全国复杂网络学术会议．武汉：2005.

［7］ 吴俊，邓宏钟，朱大智，等．标度指数不大于 2 的无标度网络的若干性质［C］．第二届全国复杂网络学术会议．武汉：2006.

［8］ 吴俊，邓宏钟，李勇，等．复杂网络抗毁性的谱测度［C］．第三届全国复杂网络学术会议．上海：2007.

参与的科研项目

（1）国家自然科学基金项目：基于不完全信息的复杂网络抗毁性建模与分析研究；

（2）国家自然科学基金项目：复杂负载网络抗毁性研究；

（3）国家自然科学基金项目：针对 Scale-free 网络的紧凑路由研究；

（4）国家自然科学基金项目：基于多智能体的整体建模仿真方法及其应用研究；

（5）国家 863 计划项目：快速自组织重构的抗毁路由技术研究；

（6）武器装备预研项目：××网络系统的可靠性评价与分析技术研究；

（7）武器装备预研重点基金项目：网络系统××理论和方法研究；

（8）国防科技大学预研项目：××网络理论与方法研究；

（9）英国工程与自然科学基金项目（EPSRC）：Networks：Emergence and dynamics。

获得的奖励

（1）获得 2005 年度、2006 年度、2007 年度优秀学员称号；

（2）获得 2006 年度光华奖学金；

（3）获得 2007 年度 CASC 奖学金；

（4）获得国防科技大学优秀研究生创新资助重点资助。

个人简历

（1）1998 年 9 月至 2002 年 7 月 四川大学管理科学系学习，获管理学学士学位；

（2）2002 年 9 月至 2004 年 2 月 保送至国防科大人文与管理学院攻读硕士学位；

（3）2004 年 2 月至 2008 年 12 月 国防科大信息系统与管理学院攻读博士学位（提前攻博）；

（4）2007 年 4 月至 2007 年 6 月 中科院计算技术研究所客座研究生；

（5）2007 年 12 月至 2008 年 11 月 伦敦帝国理工大学数学科学研究所联合培养；

（6）European Journal of Operational Research、Physics Letters、IEEE Communications Letters、Chinese Physics 审稿人。

参考文献

[1] Bertalanffy L V. The Theory of open systems in physics and biology[J]. Science, 1950, 111(2872): 23 –29.

[2] Bertalanffy L V. An outline of general system theory[J]. British Journal of Philosophy of Science, 1950, 1(1): 134 –164.

[3] Bertalanffy L V. General system theory[M]. New York: George Braziller, 1968.

[4] 钱学森, 于景元, 戴汝为. 一个科学新领域——开放的复杂巨系统及其方法论[J]. 自然杂志, 1990, 13(2): 3 –10.

[5] 谭跃进, 高世楫, 周曼殊. 系统学原理[M]. 长沙: 国防科技大学出版社, 1996.

[6] 苗东升. 系统科学精要[M]. 北京: 中国人民大学出版社, 1998.

[7] 许国志. 系统科学[M]. 上海: 上海科技教育出版社, 2000.

[8] 车宏安, 顾基发. 无标度网络及其系统科学意义[J]. 系统工程理论与实践, 2004, 24(4): 11 –16.

[9] 姜璐, 刘琼慧. 系统科学与复杂网络研究[J]. 系统辩证学学报, 2005, 13(4): 14 –17.

[10] 姜璐, 李克强. 简单巨系统演化理论[M]. 北京: 北京师范大学出版社, 2002.

[11] Holland J H. Emergence: from chaos to order [M]. Oxford: Oxford University Press, 1998.

[12] 戴汝为. 系统科学及系统复杂性研究[J]. 系统仿真学报, 2002, 14(11): 1411 –1415.

[13] 朱涵, 王欣然, 朱建阳. 网络"建筑学"[J]. 物理, 2003, 32(6): 364 –369.

[14] 方锦清, 汪小帆, 刘曾荣. 略论复杂性问题和非线性复杂网络系统的研究[J]. 科技导报, 2004, 22(2): 9 –12, 64.

[15] 吴金闪, 狄增如. 从统计物理学看复杂网络研究[J]. 物理学进展, 2004, 24(1): 18 –46.

[16] 史定华. 网络——探索复杂性的新途径[J]. 系统工程学报, 2005, 20(2): 115 –119.

[17] 刘涛, 陈忠, 陈晓荣. 复杂网络理论及其应用研概述[J]. 系统工程, 2005, 23

(6)：1 - 7.

[18] 汪秉宏，周涛，何大韧. 统计物理学与复杂系统研究最新发展趋势分析[J]. 中国基础科学，2005，7(3)：37 - 43.

[19] 郑金连，狄增如. 复杂网络研究与复杂现象[J]. 系统辩证学报，2005，13(4)：8 - 13.

[20] 陈禹. 人类对于网络的认识的新发展[J]. 系统辩证学报，2005，13(4)：18 - 22.

[21] Bond J. Graph theory with applications [M]. London：MacMilan Press，1976.

[22] Erdös P，Rényi A. On random graphs[J]. Publicationes Mathematicae Debrecen，1959，6：290 - 297.

[23] Bollobás B. Random graphs[M]. New York：Academic Press，1985.

[24] Watts D J，Strogatz S H. Collective dynamics of 'small-world' networks[J]. Nature，1998，393(6684)：440 - 442.

[25] Albert R.，Jeong H.，Barabasi A. L. Internet-diameter of the world-wide web[J]. Nature，1999，401(6749)：130 - 131.

[26] Barabási A L，Albert R. Emergence of scaling in random networks[J]. Science，1999，286(5439)：509 - 512.

[27] Watts D J. Small worlds：the dynamics of networks between order and randomness [M]. New Jersey：Princeton University Press，1999.

[28] Barabási A L. Linked：the new science of networks[M]. Cambridge：Perseus，2002.

[29] Pastor-Satorras R，Rubi M，Diaz-Guilera A. Statistical mechanics of complex networks[M]. Berlin：Springer，2003.

[30] Applications Consffa. Network science[M]. Washington：The National Academies Press，2006.

[31] Newman M E J，Barabási A L.，Watts D J. The structure and dynamics of networks[M]. New Jersey：Princeton University Press，2006.

[32] 汪小帆，李翔，陈关荣. 复杂网络理论及其应用[M]. 北京：清华大学出版社，2006.

[33] 郭雷，许晓鸣. 复杂网络[M]. 上海：上海科技教育出版社，2006.

[34] Caldarelli G. Scale-free Networks：Complex webs in nature and technology [M]. Oxford：Oxford University Press，2007.

[35] 方锦清, 汪小帆, 郑志刚, 等. 一门崭新的交叉科学:网络科学(上)[J]. 物理学进展, 2007, 27(3): 239 - 343。

[36] 方锦清, 汪小帆, 郑志刚, 等. 一门崭新的交叉科学:网络科学(下)[J]. 物理学进展, 2007, 27(4): 361 - 448.

[37] 刘作仪. 复杂网络理论及相关管理复杂性研究的资助进展[J]. 中国科学基金, 2008, (1): 13 - 16.

[38] 熊蔚明, 刘有恒. 关于通信网可靠性的研究进展[J]. 通信学报, 1990, 11(4): 43 - 49.

[39] 罗鹏程, 金光, 周经纶, 等. 通信网可靠性研究综述[J]. 小型微型计算机系统, 2000, 21(10): 73 - 77.

[40] 郭伟. 野战地域通信网可靠性的评价方法[J]. 电子学报, 2000, 28(1): 3 - 6.

[41] 李德毅, 于全, 江光杰. C^3I 系统可靠性、抗毁性和抗干扰的统一评测[J]. 系统工程理论与实践, 1999, 19(3): 23 - 27, 49.

[42] 江光杰, 李德毅. 军事电子信息系统的抗毁性评估[J]. 解放军理工大学学报: 自然科学版, 2000, 1(1): 64 - 69.

[43] 潘丽君. 战场通信网络战时抗毁性初探[J]. 装甲兵工程学院学报, 2006, 20(2): 21 - 25.

[44] 藩丽君, 范锐, 王精业. 基于作战仿真的军用通信网络战时抗毁性研究[J]. 计算机工程, 2006, 32(22): 111 - 113.

[45] 徐俊明. 图论及其应用[M]. 合肥: 中国科技大学出版社, 1998.

[46] Newman M E J. The structure and function of complex networks[J]. SIAM Review, 2003, 45(2): 167 - 256.

[47] Scott J. Social network analysis: a handbook [M]. London: Sage Publications, 2000.

[48] Parker S L, Parker G R, McCann J A. Opinion taking within friendship networks[J]. American Journal of Political Science, 2008, 52(2): 412 - 420.

[49] Souma W, Aoyama H, Fujiwara Y, et al. Correlation in business networks[J]. Physica A, 2006, 370(1): 151 - 155.

[50] Padgett J F, Ansell C K. Robust action and the rise of the medici, 1400 - 1434[J]. American Journal of Sociology, 1993, 98(6): 1259 - 1319.

[51] Liljeros F, Edling C R, Amaral L A N, et al. The web of human sexual contacts[J]. Nature, 2001, 411(6840): 907 - 908.

[52] Ramasco J J, Morris S A Social inertia in collaboration networks[J]. Physical Review E, 2006, 73(1): 016122.

[53] Zhang P P, Chen K, He Y, et al. Model and empirical study on some collaboration networks[J]. Physica A, 2006, 360(2): 599 –616.

[54] Amaral L A N, Scala A, Barthelemy M, et al. Classes of small-world networks[J]. Proceedings of the National Academy of Sciences of the United States of America, 2000, 97(21): 11149 –11152.

[55] Davis G F, Greve H R. Corporate elite networks and governance changes in the 1980s[J]. American Journal of Sociology, 1997, 103(1): 1 –37.

[56] Newman M E J. The structure of scientific collaboration networks[J]. Proceedings of the national academy of Sciences of the United States of America, 2001, 98(2): 404 –409.

[57] Aiello W, Chung F, Lu L. Random graph model for massive graphs [C]. Proceedings of the Annual ACM Symposium on Theory of Computing. Portland: Association for Computing Machinery, 2000.

[58] Aiello W, Chung F, Lu L. Random evolution of massive graphs[M]. Dordrecht: Kluwer, 2002.

[59] Ebel H, Mielsch L I, Bornholdt S. Scale-free topology of e-mail networks[J]. Physical Review E, 2002, 66(3): 035103.

[60] Onnela J P, Saramaki J, Hyvonen J, et al. Structure and tie strengths in mobile communication networks[J]. Proceedings of the National Academy of Sciences of the United States of America, 2007, 104(18): 7332 –7336.

[61] Price Djds. Networks of scientific papers[J]. Science, 1965, 149: 510 –515.

[62] Seglen P O. The skewness of science[J]. Journal of the American Society for Information Science and Technology, 1992, 43(9): 628 –638.

[63] Redner S. How popular is your paper? An empirical study of the citation distribution[J]. The European Physical Journal B, 1998, 4(2): 131 –134.

[64] Kleinberg J. M. , Kumar S. R. , Raghavan P. , Rajagopalan S. , Tomkins A. The Web as a graph: measurements, models and methods [C]. Proceedings of the International Conference on Combinatorics and Computing , Berlin: Springer, 1999.

[65] Broder A, Kumar R, Maghoul F, et al. Graph structure in the Web[J]. Computer Networks, 2000, 33(1): 309 –320.

[66] Jaffe A, Trajtenberg M. Patents, Citations and Innovations: a window on the knowledge economy[M]. Cambridge MA: MIT Press, 2002.

[67] Walkerdine J, Hughes D, Rayson P, et al. A framework for P2P application development[J]. Computer Communications, 2008, 31(2): 387 – 401.

[68] Albert R, Albert I, Nakarado G. L. Structural vulnerability of the North American power grid[J]. Physical Review E, 2004, 69(2): 025103.

[69] Rosas-Casals M, Valverde S, Sole R. V. Topological vulnerability of the European power grid under errors and attacks[J]. International Journal of Bifurcation and Chaos, 2007, 17(7): 2465 – 2475.

[70] Colizza V, Barrat A, Barthelemy M, et al. The role of the airline transportation network in the prediction and predictability of global epidemics[J]. Proceedings of the National Academy of Sciences of the United States of America, 2006, 103(7): 2015 – 2020.

[71] Hong-Kun L, Tao Z. Empirical study of Chinese city airline network[J]. Acta Physica Sinica, 2007, 56(1): 106 – 112.

[72] Kalapala V, Sanwalani V, Clauset A, et al. Scale invariance in road networks[J]. Physical Review E, 2006, 73(2): 026130.

[73] Xie F, Levinson D. Measuring the structure of road networks[J]. Geographical Analysis, 2007, 39(3): 336 – 356.

[74] Sen P, Dasgupta S, Chatterjee A, et al. Small-world properties of the Indian railway network[J]. Physical Review E, 2003, 67(3): 036106.

[75] Li W, Cai X. Empirical analysis of a scale-free railway network in China[J]. Physica A, 2007, 382(2): 693 – 703.

[76] Dodds P S, Rothman D H. Geometry of river networks. I. Scaling, fluctuations, and deviations[J]. Physical Review E, 2001, 63(1): 016115.

[77] Nandi A K, Manna S S. A transition from river networks to scale-free networks[J]. New Journal of Physics, 2007, 9(2): 30.

[78] Faloutsos M, Faloutsos P, Faloutsos C. On power-law relationships of the Internet topology[J]. Computer Communications Review, 1999, 29(1): 251 – 262.

[79] Doyle J C, Alderson D L, Li L, et al. The "robust yet fragile" nature of the Internet[J]. Proceedings of the National Academy of Sciences of the United States of America, 2005, 102(41): 14497 – 14502.

[80] Jeong H, Tombor B, Albert R, et al. The large-scale organization of metabolic networks[J]. Nature, 2000, 407(6804): 651 – 654.

[81] Ravasz E, Somera A L, Mongru D A, et al. Hierarchical organization of modularity in metabolic networks[J]. Science, 2002, 297(5586): 1551 – 1555.

[82] Guimera R, Amaral L A N. Functional cartography of complex metabolic networks[J]. Nature, 2005, 433(7028): 895 – 900.

[83] Jeong H, Mason S P, Barabasi A L, et al. Lethality and centrality in protein networks[J]. Nature, 2001, 411(6833): 41 – 42.

[84] Maslov S, Sneppen K. Specificity and stability in topology of protein networks[J]. Science, 2002, 296(5569): 910 – 913.

[85] Przulj N, Wigle D A, Jurisica I. Functional topology in a network of protein interactions[J]. Bioinformatics, 2004, 20(3): 340 – 348.

[86] Solé R. V, Montoya J M. Complexity and fragility in ecological networks[J]. Proceedings of the Royal Society of London B, 2001, 268: 2039 – 2045.

[87] Montoya J M, Sole R V. Small world patterns in food webs[J]. Journal of Theoretical Biology, 2002, 214(3): 405 – 412.

[88] Montoya J M, Pimm S L, Sole R V. Ecological networks and their fragility[J]. Nature, 2006, 442(7100): 259 – 264.

[89] Camacho J, Guimera R, Amaral L A N. Robust patterns in food web structure[J]. Physical Review Letters, 2002, 88(22): 228102.

[90] Camacho J, Stouffer D B, Amaral L A N. Quantitative analysis of the local structure of food webs[J]. Journal of Theoretical Biology, 2007, 246: 260 – 268.

[91] Dunne J A, Williams R J, Martinez N D. Food-web structure and network theory: the role of connectance and size[J]. Proceedings of the National Academy of Sciences of the United States of America, 2002, 99(20): 12917 – 12922.

[92] Dunne J A, Williams R J., Martinez N D. Network structure and biodiversity loss in food webs: Robustness increases with connectance[J]. Ecology Letters, 2002, 5: 558 – 567.

[93] 何阅, 张培培, 唐继英, 等. 中药方剂的合作网络描述[J]. 科技导报, 2005, 23(11): 36 – 39.

[94] 张培培, 侯威, 何阅, 等. 淮扬菜系的网络描述[J]. 复杂系统与复杂性科学, 2005, 2(2): 49 – 53.

[95] 常慧, 何阅, 张义勇, 等. 中国旅游线路的合作网络描述[J]. 科技导报, 2006, 24(9): 84 – 87.

[96] 陈洁, 许田, 何大韧. 中国电力网的复杂网络共性[J]. 科技导报, 2004, 22 (4): 11 – 14.

[97] 刘爱芬, 付春花, 张增平, 等. 中国大陆电影网络的实证统计研究[J]. 复杂系统与复杂性科学, 2007, 4(3): 10 – 16.

[98] 刘宏鲲, 周涛. 中国城市航空网络的实证研究与分析[J]. 物理学报, 2007, 56 (1): 106 – 112.

[99] 赵金止, 狄增如, 王大辉. 北京市公共汽车交通网络几何性质的实证研究 [J]. 复杂系统与复杂性科学, 2005, 2(2): 45 – 48.

[100] 张晨, 张宁. 上海市公交网络拓扑性质研究[J]. 上海理工大学学报, 2006, 28(5): 489 – 494.

[101] 常鸣, 马寿峰. 我国大城市公交网络结构的实证研究[J]. 系统工程学报, 2007, 22(4): 412 – 418.

[102] 李兵, 王浩, 李增扬, 等. 基于复杂网络的软件复杂性度量研究[J]. 电子学报, 2006, 34(B12): 2371 – 2375.

[103] 庄新田, 闵志锋, 陈师阳. 上海证券市场的复杂网络特性分析[J]. 东北大学学报: 自然科学版, 2007, 28(7): 1053 – 1056.

[104] 杨建梅, 王舒军, 陆履平, 等. 广州软件产业社会网络与竞争关系复杂网络的分析与比较[J]. 管理学报, 2006, 3(6): 723 – 727.

[105] 李牧南, 杨建梅, 汤玮亮. 基于复杂网络的产品竞争网的特性研究[J]. 电子测量技术, 2007, 30(4): 9 – 11.

[106] Albert R, Barabasi A L. Statistical mechanics of complex networks[J]. Reviews of Modern Physics, 2002, 74(1): 47 – 97.

[107] Boccaletti S, Latora V, Moreno Y, et al. Complex networks: Structure and dynamics [J]. Physics Reports, 2006, 424(4 – 5): 175 – 308.

[108] Latora V, Marchiori M. Efficient behavior of small-world networks[J]. Physical Review Letters, 2001, 87(19): 198701.

[109] Crucitti P, Latora V, Marchiori M, et al. Efficiency of scale-free networks: error and attack tolerance[J]. Physica A, 2003, 320: 622 – 642.

[110] Newman M E J. The structure and function of complex networks [J]. SIAM Review, 2003, 45: 167 – 256.

[111] Bollobás B, Delavega W F. The diameter of random regular graphs [J]. Combinatorica, 1982, 2(2): 125 –134.

[112] Chung F, Lu L Y. The average distances in random graphs with given expected degrees[J]. Proceedings of the National Academy of Sciences of the United States of America, 2002, 99(25): 15879 –15882.

[113] Barrat A, Weigt M. On the properties of small-world network models [J]. European Physical Journal B, 2000, 13(3): 547 –560.

[114] Boccaletti S, Latora V, Moreno Y, et al. U. Complex networks: structure and dynamics[J]. Physics Reports, 2006, 424: 175 –308.

[115] Dorogovtsev S N, Goltsev A V, Mendes J F F. Pseudofractal scale-free web[J]. Physical Review E, 2002, 65(6): 066122.

[116] Szabo G, Alava M, Kertesz J. Structural transitions in scale-free networks[J]. Physical Review E, 2003, 67(5): 056102.

[117] Ravasz E, Barabasi A L. Hierarchical organization in complex networks [J]. Physical Review E, 2003, 67(2): 026112.

[118] Fronczak A, Holyst J A, Jedynak M, et al. Higher order clustering coefficients in Barabasi-Albert networks[J]. Physica A, 2002, 316(1 –4): 688 –694.

[119] Bianconi G, Capocci A. Number of loops of size h in growing scale-free networks[J]. Physical Review Letters, 2003, 90(7): 078701.

[120] Barthelemy M, Barrat A, Pastor-Satorras R, et al. Characterization and modeling of weighted networks[J]. Physica A, 2005, 346(1 –2): 34 –43.

[121] Pastor-Satorras R, Vazquez A, Vespignani A. Dynamical and correlation properties of the Internet[J]. Physical Review Letters, 2001, 87(25): 258701.

[122] Newman M E J. Assortative mixing in networks [J]. Physical Review Letters, 2002, 89(20): 20871.

[123] Newman M E J. Mixing patterns in networks[J]. Physical Review E, 2003, 67(2): 026126.

[124] Zhou S, Mondragon R J. The rich-club phenomenon in the Internet topology[J]. IEEE Communications Letters, 2004, 8(3): 180 –182.

[125] Colizza V, Flammini A, Serrano M A, et al. Detecting rich-club ordering in complex networks[J]. Nature Physics, 2006, 2(2): 110 –115.

[126] Zhou S. Characterising and modelling the Internet topology-the rich-club

phenomenon and the PFP model[J]. Bt Technology Journal, 2006, 24(3): 108 – 115.

[127] McAuley J J, Costa L D F, Caetano T S. Rich-club phenomenon across complex network hierarchies[J]. Applied Physics Letters, 2007, 91(8): 084103.

[128] Jiang Z Q, Zhou W X. Statistical significance of the rich-club phenomenon in complex networks[J]. New Journal of Physics, 2008, 10(4): 043002.

[129] Newman M E J. Modularity and community structure in networks[J]. Proceedings of the National Academy of Sciences of the United States of America, 2006, 103 (23): 8577 – 8582.

[130] Barber M J. Modularity and community detection in bipartite networks [J]. Physical Review E, 2007, 76(6): 066102.

[131] Boccaletti S, Ivanchenko M, Latora V, et al. Detecting complex network modularity by dynamical clustering [J]. Physical Review E, 2007, 75 (4): 045102.

[132] Ruan J H, Zhang W X. Identifying network communities with a high resolution [J]. Physical Review E, 2008, 77(1): 016104.

[133] Holme P, Liljeros F, Edling C R, et al. Network bipartivity[J]. Physical Review E, 2003, 68(5): 056107.

[134] Doslic T. Bipartivity of fullerene graphs and fullerene stability [J]. Chemical Physics Letters, 2005, 412(4 – 6): 336 – 340.

[135] Estrada E, Rodriguez-Velazquez J A. Spectral measures of bipartivity in complex networks[J]. Physical Review E, 2005, 72(4): 046105.

[136] Holme P. Detecting degree symmetries in networks[J]. Physical Review E, 2006, 74(3): 036107.

[137] Wang H J, Huang H B, Qi G X, et al. Dynamical symmetry and synchronization in modular networks[J]. Europhysics Letters, 2008, 81(6): 60005

[138] Song C M, Havlin S, Makse H A. Self-similarity of complex networks[J]. Nature, 2005, 433(7024): 392 – 395.

[139] Leicht E A, Holme P, Newman M E J. Vertex similarity in networks[J]. Physical Review E, 2006, 73(2): 026120.

[140] Kim J S, Goh K I, Kahng B, et al. Fractality and self-similarity in scale-free networks[J]. New Journal of Physics, 2007, 9(6): 177.

[141] Kim J S, Kahng B, Kim D, et al. Self-similarity in fractal and non-fractal networks[J]. Journal of the Korean Physical Society, 2008, 52(2): 350 –356.

[142] Serrano M A, Krioukov D, Boguna M. Self-similarity of complex networks and hidden metric spaces[J]. Physical Review Letters, 2008, 1(7): 078701.

[143] Erdös P, Rényi A. On the evolution of random graphs [J]. Publications of Mathematical Institute Hungarian Academy of Sciences, 1960, 5: 17 –61.

[144] Bollobás B. Degree sequences of random graphs[J]. Discrete Mathematics, 1981, 33(1): 1 –19.

[145] Newman M E J, Strogatz S H, Watts D J. Random graphs with arbitrary degree distributions and their applications [J]. Physical Review E, 2001, 64 (2): 026118.

[146] Molloy M, Reed B. A critical point for random graphs with a given degree sequence[J]. Random Structures and Algorithms, 1995, 6(2 –3): 161 –179.

[147] Molloy M, Reed B. The size of the giant component of a random graph with a given degree sequence[J]. Combinatorics, Probability and Computing, 1998, 7(3): 295 –305.

[148] Chung F, Lu L. Connected components in random graphs with given degree sequences[J]. Annals of Combinatorics, 2002, 6: 125 –145.

[149] Chung F, Lu L Y., Vu V. Spectra of random graphs with given expected degrees[J]. Proceedings of the National Academy of Sciences of the United States of America, 2003, 100(11): 6313 –6318.

[150] Newman M E J. Models of the small world [J]. Journal of Statistical Physics, 2000, 101(3 –4): 819 –841.

[151] Newman M E J, Moore C, Watts D. J. Mean-field solution of the small-world network model[J]. Physical Review Letters, 2000, 84(14): 3201 –3204.

[152] Newman M E J, Watts D J. Renormalization group analysis of the small-world network model[J]. Physics Letters A, 1999, 263(4 –6): 341 –346.

[153] Kasturirangan R. Multiple scales in small-world graphs [J]. cond-mat/9904055, 1999.

[154] Dorogovtsev S N, Mendes J F F. Exactly solvable small-world network [J]. Europhysics Letters, 2000, 50(1): 1 –7.

[155] Kleinberg J M. Navigation in a small world-It is easier to find short chains between

points in some networks than others[J]. Nature, 2000, 406(6798): 845 - 845.

[156] BarabásiA L, Albert R, Jeong H. Mean-field theory for scale-free random networks[J]. Physica A 1999, 272(1 - 2): 173 - 187.

[157] Dorogovtsev S N, Mendes J F F, Samukhin A. N. Structure of growing networks with preferential linking [J]. Physical Review Letters, 2000, 85 (21): 4633 - 4636.

[158] Krapivsky P L, Redner S, Leyvraz F. Connectivity of growing random networks[J]. Physical Review Letters, 2000, 85(21): 4629 - 4632.

[159] Dorogovtsev S N, Mendes J F F. Effect of the accelerating growth of communications networks on their structure [J]. Physical Review E, 2001, 63 (2): 025101.

[160] Bianconi G, Barabási A L. Competition and multiscaling in evolving networks[J]. Europhysics Letters, 2001, 54(4): 436 - 442.

[161] Liu Z H, Lai Y C, Ye N, et al. Connectivity distribution and attack tolerance of general networks with both preferential and random attachments[J]. Physics Letters A, 2002, 303(5 - 6): 337 - 344.

[162] Chung F, Lu L Y, Dewey T G, et al. Duplication models for biological networks[J]. Journal of Computational Biology, 2003, 10(5): 677 - 687.

[163] Krapivsky P L, Redner S. Organization of growing random networks[J]. Physical Review E, 2001, 63(6): 066123.

[164] Vazquez A. Disordered networks generated by recursive searches[J]. Europhysics Letters, 2001, 54(4): 430 - 435.

[165] Li X, Chen G R. A local-world evolving network model[J]. Physica A, 2003, 328(1 - 2): 274 - 286.

[166] Pan Z F, Li X, Wang X F. Generalized local-world models for weighted networks[J]. Physical Review E, 2006, 73(5): 056109.

[167] Zhang Z Z., Comellas F, Fertin G, et al. High-dimensional Apollonian networks[J]. Journal of Physics A, 2006, 39(8): 1811 - 1818.

[168] Zhang Z Z, Rong L L, Zhou S G. Evolving Apollonian networks with small-world scale-free topologies[J]. Physical Review E, 2006, 74(4): 046105.

[169] Zhang Z Z, Chen L C, Zhou S G, et al. Analytical solution of average path length for Apollonian networks[J]. Physical Review E, 2008, 77(1): 017102.

[170] Li M H, Wang D H, Fan Y, et al. Modelling weighted networks using connection count[J]. New Journal of Physics, 2006, 8(5): 72.

[171] Li M. H, Wu J S, Wang D H, et al. Evolving model of weighted networks inspired by scientific collaboration networks[J]. Physica A, 2007, 375(1): 355 – 364.

[172] Wang W X, Wang B H, Hu B, et al. General dynamics of topology and traffic on weighted technological networks [J]. Physical Review Letters, 2005, 94 (18): 188702.

[173] 方锦清. 非线性网络的动力学复杂性研究的若干进展[J]. 自然科学进展, 2007, 17(7): 841 – 857.

[174] 方锦清, 毕桥, 李永, 等. 复杂动态网络的一种和谐统一的混合择优模型及其普适特性[J]. 中国科学 G 辑, 2007, 37(2): 230 – 249.

[175] 李春光. 复杂网络建模及其动力学性质的若干研究[D]. 成都: 电子科技大学博士学位论文, 2004.

[176] 卢文联. 动力系统与复杂网络:理论与应用[D]. 上海: 复旦大学博士学位论文, 2005.

[177] Pecora L M, Carroll T L. Synchronization in chaotic systems[J]. Physical Review Letters, 1990, 64(8): 821 – 824.

[178] Gu Y Q, Shao C, Fu X C. Complete synchronization and stability of star-shaped complex networks[J]. Chaos Solitons & Fractals, 2006, 28(2): 480 – 488.

[179] Saha L M, Budhraja M. Complete synchronization of chaotic systems [J]. Proceedings of the National Academy of Sciences India Section A, 2007, 77A: 161 – 168.

[180] Maza D, Vallone A, Mancini H, et al. Experimental phase synchronization of a chaotic convective flow [J]. Physical Review Letters, 2000, 85 (26): 5567 – 5570.

[181] Osipov G V, Pikovsky A S, Kurths J. Phase synchronization of chaotic rotators[J]. Physical Review Letters, 2002, 88(5): 054102.

[182] Rosenblum M G, Pikovsky A S, Kurths J. From phase to lag synchronization in coupled chaotic oscillators[J]. Physical Review Letters, 1997, 78 (22): 4193 – 4196.

[183] Li C D, Liao X F, Wong K W. Lag synchronization of hyperchaos with application to secure communications [J]. Chaos Solitons & Fractals, 2005, 23 (1): 183

－193.

[184] Mainieri R, Rehacek J. Projective synchronization in three-dimensional chaotic systems[J]. Physical Review Letters, 1999, 82(15): 3042 － 3045.

[185] Xu D L. Control of projective synchronization in chaotic systems[J]. Physical Review E, 2001, 63(2): 027201.

[186] Calvo O, Chialvo D R, Eguiluz V M, et al. Anticipated synchronization: a metaphorical linear view[J]. Chaos, 2004, 14(1): 7 － 13.

[187] Ciszak M, Gutierrez J M, Cofino A S, et al. Approach to predictability via anticipated synchronization[J]. Physical Review E, 2005, 72(4): 046218.

[188] Barahona M, Pecora L M. Synchronization in small-world systems[J]. Physical Review Letters, 2002, 89(5): 054101.

[189] Wang X F. Complex networks: Topology, dynamics and synchronization [J]. International Journal of Bifurcation and Chaos, 2002, 12(5): 885 － 916.

[190] Chen G R, Fan Z P. Modelling, control and synchronization of complex networks[C]. Proceedings of 2005 Chinese Control and Decision Conference. Harbin: 2005.

[191] Comellas F, Gago S. Synchronizability of complex networks[J]. Journal of Physics A, 2007, 40(17): 4483 － 4492.

[192] Li X, Wang X F, Chen G. R. Pinning a complex dynamical network to its equilibrium[J]. IEEE Transactions on Circuits and Systems I, 2004, 51(10): 2074 － 2087.

[193] 吕金虎. 一个统一混沌系统及其研究[D]. 中国科学院博士学位论文, 2002.

[194] Dezso Z, Barabasi A L. Halting viruses in scale-free networks[J]. Physical Review E, 2002, 65(5): 055103.

[195] Newman M E J, Forrest S, Balthrop J. Email networks and the spread of computer viruses[J]. Physical Review E, 2002, 66(3): 035101.

[196] Lloyd A. L, May R M. Epidemiology-How viruses spread among computers and people[J]. Science, 2001, 292(5520): 1316 － 1317.

[197] Zanette D H. Dynamics of rumor propagation on small-world networks[J]. Physical Review E, 2002, 65(4): 041908.

[198] Zhou J, Liu Z H, Li B M. Influence of network structure on rumor propagation[J]. Physics Letters A, 2007, 368(6): 458 － 463.

[199] 周涛, 傅忠谦, 牛永伟, 等. 复杂网络上传播动力学研究综述[J]. 自然科学

进展, 2005, 15(5): 513 – 518.

[200] Bailey N T J. The mathematical theory of infectious diseases and its applications[M]. New York: Hafner Press, 1975.

[201] Grassberger P. On the critical-behavior of the general epidemic process and dynamical percolation[J]. Mathematical Biosciences, 1983, 63(2): 157 – 172.

[202] Sander L M, Warren C P, Sokolov I M, et al. Percolation on heterogeneous networks as a model for epidemics[J]. Mathematical Biosciences, 2002, 180(1): 293 – 305.

[203] Moore C, Newman M E J. Epidemics and percolation in small-world networks[J]. Physical Review E, 2000, 61(5): 5678 – 5682.

[204] Kuperman M, Abramson G. Small world effect in an epidemiological model[J]. Physical Review Letters, 2001, 86(13): 2909 – 2912.

[205] Pastor-Satorras R, Vespignani A. Epidemic spreading in scale-free networks[J]. Physical Review Letters, 2001, 86(14): 3200 – 3203.

[206] Pastor-Satorras R, Vespignani A. Epidemic dynamics and endemic states in complex networks[J]. Physical Review E, 2001, 63(6): 066117.

[207] Pastor-Satorras R, Vespignani A. Epidemic dynamics in finite size scale-free networks[J]. Physical Review E, 2002, 65(3): 035108.

[208] Boguñá M, Pastor-Satorras R. Epidemic spreading in correlated complex networks[J]. Physical Review E, 2002, 66(4): 047104.

[209] Moreno Y, Gomez J B, Pacheco A F. Epidemic incidence in correlated complex networks[J]. Physical Review E, 2003, 68(3): 035103.

[210] Pastor-Satorras R, Vespignani A. Immunization of complex networks[J]. Physical Review E, 2002, 65(3): 036104.

[211] Cohen R, Havlin S, ben-Avraham D. Efficient immunization strategies for computer networks and populations [J]. Physical Review Letters, 2003, 91 (24): 247901.

[212] Gomez-Gardenes J, Echenique P, Moreno Y. Immunization of real complex communication networks[J]. European Physical Journal B, 2006, 49(2): 259 – 264.

[213] Gallos L K, Liljeros F, Argyrakis P, et al. Improving immunization strategies[J]. Physical Review E, 2007, 75(4): 045104.

[214] Brin S, Page L. The anatomy of a large-scale hypertextual Web search engine[J]. Computer Networks and Isdn Systems, 1998, 30(1 – 7): 107 – 117.

[215] Barthelemy M. Betweenness centrality in large complex networks[J]. European Physical Journal B, 2004, 38(2): 163 – 168.

[216] Adamic L A, Lukose R M, Puniyani A R, et al. Search in power-law networks[J]. Physical Review E, 2001, 64(4): 046135.

[217] Lee W H, Michels K M, Bondy C A. Localization of insulin-like growth-factor binding protein – 2 messenger-rna during postnatal brain-development-correlation with insulin-like growth factor-i and factor-ii[J]. Neuroscience, 1993, 53(1): 251 – 265.

[218] Chvatal V. Tough graphs and hamiltonian circuits[J]. Discrete Mathematics, 1973, 5: 215 – 228.

[219] Brouwer A E. Toughness and spectrum of a graph[J]. Linear Algebra and Its Applications, 1995, 226: 267 – 271.

[220] 许进. 论图的坚韧度(I)——基本理论[J]. 电子学报, 1996, 24(001): 23 – 27.

[221] Choudum S A, Priya N. Tough-maximum graphs[J]. Ars Combinatoria, 2001, 61: 167 – 172.

[222] 毛俊超, 冯立华, 沈秀专. 图的坚韧度与图的 Laplaeian 特征值的关系[J]. 吉首大学学报: 自然科学版, 2007, 28(2): 28 – 29.

[223] Peng Y H, Chen C C, Koh K M. On the edge-toughness of a graph (I)[J]. Southeast Asian Mathematical Bulletin, 1988, 12: 109 – 122.

[224] Peng Y H, Tay T S. On the Edge-Toughness of a Graph (II)[J]. Journal of Graph Theory, 1993, 17(2): 233 – 246.

[225] Bauer D, Hakimi S L, Schmeichel E. Recognizing tough graphs is NP-hard[J]. Discrete Applied Mathematics, 1990, 28(3): 191 – 195.

[226] Bauer D, Morgana A, Schmeichel E. On the complexity of recognizing tough graphs[J]. Discrete Mathematics, 1994, 124(1 – 3): 13 – 17.

[227] Barefoot C A, Entringer R, Swart H. Vulnerability in graphs-a comparative survey[J]. Journal of Combinatirial Mathematics and Combinatorial Computing, 1987, 1: 13 – 22.

[228] Bagga K S, Beineke L W, Goddard W D, et al. A survey of integrity[J]. Discrete Applied Mathematics, 1992, 37 – 38: 13 – 28.

[229] Bagga K S, Beineke L W, Lipman M J, et al. Edge-Integrity-a Survey [J]. Discrete Mathematics, 1994, 124(1 - 3): 3 - 12.

[230] Goddard W. Measures of vulnerability-the integrity family[J]. Networks, 1994, 24 (4): 207 - 213.

[231] Beineke L W, Goddard W, Lipman M J. Graphs with maximum edge-integrity[J]. Ars Combinatoria, 1997, 46: 119 - 127.

[232] Atici M, Crawford R, Ernst C. New upper bounds for the integrity of cubic graphs[J]. International Journal of Computer Mathematics, 2004, 81(11): 1341 - 1348.

[233] Dundar P, Aytac A. Integrity of total graphs via certain parameters [J]. Mathematical Notes, 2004, 76(5 - 6): 665 - 672.

[234] Ray S, Kannan R, Zhang D Y, et al. The weighted integrity problem is polynomial for interval graphs[J]. Ars Combinatoria, 2006, 79: 77 - 95.

[235] Clark L, Entringer R C, Fellows M R. Computational complexity of integrity[J]. Journal of Combinatirial Mathematics and Combinatorial Computing, 1987, 2: 179 - 191.

[236] Dundar P, Ozan A. On the neighbour-integrity of sequential joined graphs[J]. International Journal of Computer Mathematics, 2000, 74(1): 45 - 52.

[237] Kirlangic A, Ozan A. The neighbour-integrity of total graphs[J]. International Journal of Computer Mathematics, 2000, 76(1): 25 - 33.

[238] Aytac V. Vulnerability in graphs: the neighbour-integrity of line graphs [J]. International Journal of Computer Mathematics, 2005, 82(1): 35 - 40.

[239] Wei Z T, Zhang S G. Vertex-neighbor-integrity of composition graphs of paths[J]. Ars Combinatoria, 2008, 86: 349 - 361.

[240] Wei Z T, Zhang S G. Vertex-neighbour-integrity of composition graphs of paths and cycles[J]. International Journal of Computer Mathematics, 2008, 85(5): 727 - 733.

[241] 李银奎. 图的连通参数的相关研究[D]. 西安: 西北工业大学硕士学位论文, 2003.

[242] 李峰伟. 网络的若干稳定性参数的研究[D]. 天津: 南开大学博士学位论文, 2006.

[243] Cozzen M, Moazzami D, Stueckle S. The tenacity of a graph. Seventh International Conference on the Theory and Applications of Graphs [C]. New York:

Wiley, 1995.

[244] Choudum S A, Priya N. Tenacity of complete graph products and grids[J]. Networks, 1999, 34(3): 192 – 196.

[245] 李银奎，张胜贵，李学良，等. 粘连度与一些其他脆弱性参数之间的关系[J]. 纺织高校基础科学学报，2004, 17(1): 1 – 4.

[246] 李银奎. 笼子图的粘连度的讨论[J]. 青海师专学报，2006, 26(5): 3 – 5.

[247] Piazza B L, Roberts F S, Stueckle S K. Edge-tenacious networks[J]. Networks, 1995, 25(1): 7 – 17.

[248] Jung H A. Class of posets and corresponding comparability graphs[J]. Journal of Combinatorial Theory Series B, 1978, 24(2): 125 – 133.

[249] 欧阳克智，欧阳克毅，于文池. 图的相对断裂度[J]. 兰州大学学报，1993, 29 (3): 43 – 49.

[250] Zhang S, Li X, Han X. Computing the scattering number of graphs [J]. International Journal of Computer Mathematics, 2002, 79(2): 179 – 187.

[251] 许进，席酉民. 系统的核与核度(I)[J]. 系统科学与数学，1993, 13(2): 102 – 110.

[252] 许进. 系统的核与核度理论(Ⅱ)——优化设计与可靠通讯网络[J]. 系统工程学报，1994, 9(1): 1 – 11.

[253] 许进，席酉民，汪应洛. 系统的核与核度理论(V): 系统和补系统的关系[J]. 系统工程学报，1993, 8(2): 33 – 39.

[254] 许进. 系统核与核度理论及其应用[M]. 西安: 西安电子科技大学出版社，1994.

[255] Bassalygo L A, Pinsker M S. The complexity of an optimal non-blocking commutation scheme without reorganization[J]. Problemy Peredaci Informacii, 1973, 9(1): 84 – 87.

[256] Pinsker M S. On the complexity of a concentrator[C]. 7th International Teletraffic Conference. 1973.

[257] Sarnak P. What is an expander? [J]. Notices of the American Mathematical Society, 2004, 51(7): 762 – 763.

[258] Hoory S, Linial N, Wigderson A. Expander graphs and their applications[J]. Bulletin of the American Mathematical Society, 2006, 43(4): 439 – 561.

[259] Chakrabarti A, Chekuri C, Gupta A, et al. Approximation algorithms for the

unsplittable flow problem[J]. Algorithmica, 2007, 47(1): 53 –78.

[260] Sipser M, Spielman D A. Expander codes[J]. IEEE Transactions on Information Theory, 1996, 42(6): 1710 –1722.

[261] Kim S, Wicker S B. Linear-time encodable and decodable irregular graph codes. IEEE International Symposium on Information Theory [C]. Sorrento: IEEE Press, 2000.

[262] Guruswami V, Kabanets V. Hardness amplification via space-efficient direct products[J]. Latin American Symposium on Theoretical Informatics, 2006, 3887 (7): 556 –568.

[263] Chandra A K, Raghavan P, Ruzzo W L, et al. The electrical resistance of a graph captures its commute and cover times[J]. Computational Complexity, 1997, 6 (4): 312 –340.

[264] Zemor G. On expander codes [J]. IEEE Transactions on Information Theory, 2001, 47(2): 835 –837.

[265] Anagnostopoulos A, Kirsch A, Upfal E. Stability and efficiency of a random local load balancing protocol. Proceeding of 44th Annual IEEE Symposium on Foundations of Computer Science[C]. Washington: IEEE Press, 2003.

[266] Donetti L, Neri F, Munoz M A. Optimal network topologies: expanders, cages, Ramanujan graphs, entangled networks and all that [J]. Journal of Statistical Mechanics, 2006, 8: P08007.

[267] Estrada E. Network robustness to targeted attacks. The interplay of expansibility and degree distribution [J]. European Physical Journal B, 2006, 52 (4): 563 –574.

[268] Greenhill C, Holt F B, Wormald N. Expansion properties of a random regular graph after random vertex deletions[J]. European Journal of Combinatorics, 2008, 29(5): 1139 –1150.

[269] Mohar B. Isoperimetric number of graphs[J]. Journal of Combinatorial Theory Series B, 1989, 47: 274 –291.

[270] Alon N. Eigenvalues and Expanders[J]. Combinatorica, 1986, 6(2): 83 –96.

[271] Fiedler M. Algebraic connectivity of graphs [J]. Czechoslovak Mathematical Journal, 1973, 23(2): 298 –305.

[272] Wu C W. Algebraic connectivity of directed graphs [J]. Linear & Multilinear

Algebra, 2005, 53(3): 203 – 223.

[273] de Abreu N M M. Old and new results on algebraic connectivity of graphs[J]. Linear Algebra and Its Applications, 2007, 423(1): 53 – 73.

[274] Jamakovic A, Uhlig S. On the relationship between the algebraic connectivity and graph´s robustness to node and link failures. 2007 Next Generation Internet Networks[C]. Trondheim: IEEE Press, 2007.

[275] Jamakovic A, Van Mieghem P. On the robustness of complex networks by using the algebraic connectivity[C]. Proceedings of Networking 2008: Ad Hoc and Sensor Networks, Wireless Networks, Next Generation Internet. Singapore: Springer, 2008.

[276] Olfati-Saber R. Ultrafast consensus in small-world networks[C]. Proceedings of the 2005 American Control Conference. Portland: IEEE Press, 2005.

[277] Cao M., Wu C. W. Topology design for fast convergence of network consensus algorithms[C]. 2007 IEEE International Symposium on Circuits and Systems. New Orleans: IEEE Press, 2007.

[278] Wu C W. Synchronization in arrays of chaotic circuits coupled via hypergraphs: Static and dynamic coupling[J]. Proceedings of the 1998 International Symposium on Circuits and Systems, 1998: B287 – B290.

[279] Wu C W. Synchronization in arrays of coupled nonlinear systems with delay and nonreciprocal time-varying coupling [J]. IEEE Transactions on Circuits and Systems I, 2005, 52(5): 282 – 286.

[280] Olfati-Saber R. Distributed Kalman filter with embedded consensus filters. 44th IEEE Conference on Decision and Control[C]. Seville: IEEE Press, 2005.

[281] Olfati-Saber R. Distributed Kalman filtering and sensor fusion in sensor networks. Proceedings of Network Embedded Sensing and Control [C]. South Bend: Springer, 2006.

[282] 周涛, 柏文洁, 汪秉宏, 等. 复杂网络研究概述[J]. 物理, 2005, 34(1): 31 – 36.

[283] Albert R, Jeong H, Barabasi A L. Error and attack tolerance of complex networks[J]. Nature, 2000, 406(6794): 378 – 382.

[284] Dunne J A, Williams R J, Martinez N. D. Network structure and biodiversity loss in food webs: robustness increases with connectance[J]. Ecology Letters, 2002,

5: 558 – 567.

[285] Newman M E J, Forrest S, Balthrop J. Email networks and the spread of computer viruses[J]. Physical Review E, 2002, 66(3): 035101.

[286] Magoni D. Tearing down the Internet [J]. IEEE Journal Selected Areas in Communications, 2003, 21(6): 949 – 960.

[287] Samant K, Bhattacharyya S. Topology, search, and fault tolerance in unstructured P2P networks. Proceedings of the Hawaii International Conference on System Sciences[C]. Hawaii: IEEE Press, 2004.

[288] Holme P, Kim B J, Yoon C N, et al. Attack vulnerability of complex networks[J]. Physical Review E, 2002, 65(5): 056109.

[289] Freeman L C A set of measures of centrality based upon betweenness [J]. Sociometry, 1997, 40(1): 35 – 41.

[290] Cohen R, Erez K, ben-Avraham D, et al. Resilience of the Internet to random breakdowns[J]. Physical Review Letters, 2000, 85(21): 4626 – 4628.

[291] Newman M E J, Strogatz S H, Watts D J. Random graphs with arbitrary degree distributions and their applications[J]. Physical Review E, 2001, 64(2): 26118.

[292] Broadbent S R, Hammersley J M. Percolation processes: I. Crystals and mazes[J]. Proc Cambridge Philos Soc, 1957, 53: 629 – 641.

[293] Hammersley J M. Percolation processes: II. The connective constant [J]. Proc. Cambridge Philos. Soc. , 1957, 53: 642 – 645.

[294] Cohen R, Erez K, ben-Avraham D, et al. Breakdown of the internet under intentional attack[J]. Physical Review Letters, 2001, 86(16): 3682 – 3685.

[295] Dorogovtsev S N, Mendes J F F. Comment on "Breakdown of the internet under intentional attack"[J]. Physical Review Letters, 2001, 87(21): 219801.

[296] Callaway D S, Newman M E J, Strogatz S H, et al. Network robustness and fragility: percolation on random graphs[J]. Physical Review Letters, 2000, 85 (25): 5468 – 5471.

[297] Amaral L A N, Scala A, Barthélémy M, et al. Classes of behavior of small-world networks[J]. Proc. Natl. Acad. Sci. U. S. A, 2000, 97: 11149 – 11152.

[298] Schwarte N, Cohen R, Ben-Avraham D, et al. Percolation in directed scale-free networks[J]. Physical Review E, 2002, 66(1): 015104.

[299] Gallos L K, Cohen R, Argyrakis P, et al. Stability and topology of scale-free

networks under attack and defense srategies[J]. Physical Review Letters, 2005, 94(18): 188701.

[300] Chi L P, Yang C B, Cai X. Stability of random networks under evolution of attack and repair[J]. Chinese Physics Letters, 2006, 23(1): 263 – 266.

[301] Vázquez A, Moreno Y. Resilience to damage of graphs with degree correlations[J]. Physical Review E, 2003, 67(1): 015101.

[302] Sun S, Liu Z X, Chen Z Q, et al. Error and attack tolerance of evolving networks with local preferential attachment[J]. Physica A, 2007, 373: 851 – 860.

[303] Shargel B, Sayama H, Epstein I R, et al. Optimization of robustness and connectivity in complex networks [J]. Physical Review Letters, 2003, 90 (6): 068701.

[304] Paul G, Tanizawa T, Havlin S, et al. Optimization of robustness of complex networks[J]. European Physical Journal B, 2004, 38(2): 187 – 191.

[305] Valente A X C N, Sarkar A, Stone H A. Two-peak and three-peak optimal complex networks[J]. Physical Review E, 2004, 92(11): 118702.

[306] Tanizawa T, Paul G, Cohen R, et al. Optimization of network robustness to waves of targeted and random attacks[J]. Physical Review E, 2005, 71(4): 047101.

[307] Wang B, Tang H W, Guo C H, et al. Entropy optimization of scale-free networks' robustness to random failures[J]. Physica A, 2006, 363(2): 591 – 596.

[308] Wang B, Tang H W, Guo C H, et al. Optimization of network structure to random failures[J]. Physica A, 2006, 368(2): 607 – 614.

[309] Zipf G K. Human Behavior and the principle of least effort[M]. Cambridge, MA: Addison-Wesley, 1949.

[310] Newman M E J. Power laws, Pareto distributions and Zipf's law[J]. Contemporary Physics, 2005, 46: 323 – 351.

[311] Dorogovtsev S N, Mendes J F F, Samukhin A N. Size-dependent degree distribution of a scale-free growing network[J]. Physical Review E, 2001, 63(6): 062101.

[312] Newman M E J. Power laws, Pareto distributions and Zipf's law[J]. Contemporary Physics, 2005, 46(5): 323 – 351.

[313] Tanaka R, Yi T M, Doyle J. Some protein interaction data do not exhibit power law statistics[J]. FEBS Letters, 2005, 579(23): 5140 – 5144.

[314] Wu J, Tan Y, Deng H, et al. Relationship between degree-rank function and degree distribution of protein-protein interaction networks [J]. Computational Biology and Chemistry, 2007, 32(1): 1 – 4.

[315] Wang X F. Complex networks: Topology, dynamics and synchronization [J]. International Journal of Bifurcation and Chaos, 2002, 12(5): 885 – 916.

[316] Wang X F, Chen G R. Synchronization in scale-free dynamical networks: Robustness and fragility [J]. IEEE Transacations on Circuits and Systems I., 2002, 49(1): 54 – 62.

[317] Nishikawa T, Motter A E, Lai Y C, et al. Heterogeneity in oscillator networks: Are smaller worlds easier to synchronize? [J]. Physical Review Letters, 2003, 91 (1): 014101.

[318] Wang B, Tang H W, Guo C H, et al. Entropy optimization of scale-free networks robustness to random failures[J]. Physica A, 2005, 363: 591 – 596.

[319] Solé R V, Alverde S V. Information theory of complex networks: on evolution and architectural constraints[J]. Lecture Notes on Physics, 2004, 650: 189 – 207.

[320] 王林, 戴冠中, 胡海波. 无标度网络的一个新的拓扑参数[J]. 系统工程理论与实践, 2006, 26(6): 49 – 53.

[321] Hu H B, Wang X F. Unified index to quantifying heterogeneity of complex networks[J]. Physica A, 2008, 387(14): 3769 – 3780.

[322] 姜璐. 熵——描写复杂系统结构的一个物理量[J]. 系统辩证学学报, 1994, 2 (4): 50 – 55.

[323] 迟艳芹. 统计学原理与应用[M]. 北京: 清华大学出版社, 2005.

[324] Wilf H. S. Generating functionology[M]. London: Academic Press, 1994.

[325] Arfken G B, Weber H J. Mathematical methods for physicists[M]. San Diego: Academic Press, 2005.

[326] Boguna M, Pastor-Satorras R, Vespignani A. Cut-offs and finite size effects in scale-free networks[J]. European Physical Journal B, 2004, 38: 205 – 209.

[327] Palmer C, Siganos G, Faloutsos M, et al. The connectivity and fault-tolerance of the Internet topology. Proceeding of Workshop on Network-Related Data Management[C]. Santa Barbara: ACM Press, 2001.

[328] Siganos G, Tauro S L, Faloutsos M. Jellyfish: A conceptual model for the AS Internet topology[J]. Journal of Communications and Networks, 2006, 8(3): 339

－350.

[329] 李炯生，张晓东，潘永亮. 图的 Laplace 特征值[J]. 数学进展, 2003, 32(2): 157－165.

[330] Cvetković D. M, Doob M, Sachs H. Spectra of graphs[M]. New York: Academic Press, 1979.

[331] Wigner E. Characteristic Vectors of bordered matrices with infinite dimensions[J]. Annals of Mathematics, 1955, 62(3): 548－564.

[332] Farkas I J, Derenyi I, Barabasi A L, et al. Spectra of "real-world" graphs: Beyond the semicircle law[J]. Physical Review E, 2001, 64(2): 026704.

[333] Goh K I, Kahng B, Kim D. Spectra and eigenvectors of scale-free networks[J]. Physical Review E, 2001, 64(5): 1－5.

[334] Dorogovtsev S N, Goltsev A V, Mendes J F F, et al. Spectra of complex networks[J]. Physical Review E, 2003, 68(4): 046109.

[335] Rodgers G J, Austin K, Kahng B, et al. Eigenvalue spectra of complex networks[J]. Journal of Physics A, 2005, 38(43): 9431－9437.

[336] Newman M E J. Finding community structure in networks using the eigenvectors of matrices[J]. Physical Review E, 2006, 74(3): 036104.

[337] Estrada E, Rodriguez-Velazquez J A. Subgraph centrality in complex networks[J]. Physical Review E, 2005, 71(5): 056103.

[338] Gray R. M. Toeplitz and circulant matrices: a review[J]. Foundations and Trends in Communications and Information Theory, 2006, 2(3): 155－239.

[339] Abramowitz M, Stegun I A. Handbook of mathematical functions with formulas, graphs, and mathematical tables[M]. New York: Dover, 1972.

[340] Dattoli G, Torre A. Theory and applications of generalized Bessel functions[M]. Rome: Aracne Editrice, 1996.

[341] Xulvi-Brunet R, Pietsch W, Sokolov I M. Correlations in scale-free networks: Tomography and percolation[J]. Physical Review E, 2003, 68(3): 036119.

[342] Rong Z H, Li X, Wang X F. Roles of mixing patterns in cooperation on a scale-free networked game[J]. Physical Review E, 2007, 76(2): 027101.

[343] Sorrentino F, di Bernardo M, Cuellar G H, et al. Synchronization in weighted scale-free networks with degree-degree correlation[J]. Physica D, 2006, 224(1－2): 123－129.

[344] di Bernardo M, Garofalo F, Sorrentino F. Effects of degree correlation on the synchronization of networks of oscillators[J]. International Journal of Bifurcation and Chaos, 2007, 17(10): 3499 – 3506.

[345] di Bernardo M, Garofalo F, Sorrentino F. Synchronizability and synchronization dynamics of weighed and unweighed scale free networks with degree mixing[J]. International Journal of Bifurcation and Chaos, 2007, 17(7): 2419 – 2434.

[346] Sorrentino F. Effects of the network structural properties on its controllability[J]. Chaos, 2007, 17(3): 033101.

[347] Sorrentino F, di Bernardo M, Garofalo F, et al. Controllability of complex networks via pinning[J]. Physical Review E, 2007, 75(4): 046103.

[348] Miao Q, Rong Z, Tang Y, et al. Effects of degree correlation on the controllability of networks[J]. Physica A, 2008, 387(24): 6225 – 6230.

[349] Glover F. Tabu search-part I[J]. ORSA Journal on Computing, 1989, 1(3): 190 – 206.

[350] Glover F. Tabu search-part II[J]. ORSA Journal on Computing, 1990, 2(1): 4 – 32.

[351] 邢文训, 谢金星. 现代优化计算方法[M]. 北京: 清华大学出版社, 1999.

[352] 张凤林. 物流保障网络可用性技术研究[D]. 长沙: 国防科学技术大学博士学位论文, 2003.

[353] 张宇, 张宏莉, 方滨兴. Internet 拓扑建模综述[J]. 软件学报, 2004, 15(8): 1220 – 1226.

[354] 姜誉, 胡铭曾, 方滨兴, 等. 一个 Internet 路由器级拓扑自动发现系统[J]. 通信学报, 2002, 23(12): 54 – 62.

[355] 张国强, 张国清. 互联网 AS 级拓扑的局部聚团现象研究[J]. 复杂系统与复杂性科学, 2006, 3(3): 34 – 41.

[356] Gao L. On inferring autonomous system relationships in the Internet[J]. IEEE/ACM Transactions on Networking, 2001, 9(6): 733 – 745.

[357] CAIDA, http://www.caida.org/tools/measurement/skitter/idkdata.xml, 2008.

[358] CN05, http://www.adastral.ucl.ac.uk/~szhou/resource.htm, 2008.

[359] 孙啸, 陆祖宏, 谢建明. 生物信息学基础[M]. 北京: 清华大学出版社, 2005.

[360] 阎隆飞, 孙之荣. 蛋白质分子结构[M]. 北京: 清华大学出版社, 1999.

[361] 郭雨珍. 蛋白质结构预测和比较的优化研究[D]. 大连理工大学博士学位论

文, 2007.

[362] Rader A J, Hespenheide B M, Kuhn L A, et al. Protein unfolding: rigidity lost[J]. Proceedings of the National Academy of Sciences of the United States of America, 2002, 99(6): 3540 – 3545.

[363] Hespenheide B M, Jacobs D J, Thorpe M F. Structural rigidity in the capsid assembly of cowpea chlorotic mottle virus [J]. Journal of Physica Condensed Matter, 2004, 16(44): 5055 – 5064.

[364] Ikai A. Local rigidity of a protein molecule[J]. Biophysical Chemistry, 2005, 116 (3): 187 – 191.

[365] Costa J R, Yaliraki S N. Role of rigidity on the activity of proteinase inhibitors and their peptide mimics [J]. Journal of Physical Chemistry B, 2006, 110 (38): 18981.

[366] Collins M D, Quillin M L, Hummer G, et al. Structural rigidity of a large cavity-containing protein revealed by high-pressure crystallography [J]. Journal of Molecular Biology, 2007, 367(3): 752 – 763.

[367] Istomin A Y, Jacobs D J, Gromiha M M, et al. Is nonadditivity within double mutant cycles related to protein structure rigidity? [J]. Biophysical Journal, 2007, Suppl. S: 217A.

[368] PDB, www. rcsb. org, 2008.

[369] FIRST, www. bch. msu. edu/labs/kuhn/projects/first, 2008.

后　记

——吴俊个人体会

　　已经很久没有这样随心所欲地写东西了,习惯了学术论文和科研报告的"八股文",现在少了约束反而不知道从何下笔了。记得以前读初中、高中时最怕写作文,主要是因为有字数限制,要不少于800字。每次写作文时总担心字数不够,于是边写边数,生怕写少了被扣分。那时的我常常在想,以后我要是当了语文老师一定要规定作文的字数不能超过800字,字数越少越好。

　　好在博士论文没有字数限制,这让我少了很多烦恼。很多人在回忆博士论文的撰写过程时心中回荡的大多是艰辛、痛苦与焦躁,就像母亲分娩前的阵痛一般,而在我的记忆里写论文的那两个月却是人生中最充实、最惬意的一段时光。由于我在博士生的第五年申请了国家公派联合培养,为了不影响毕业,我选择了在国外完成论文,所以我的博士论文是在伦敦帝国理工大学完成的。

　　伦敦整个城市从中心向外分为6个区,好比北京的1～6环,不同的是伦敦的区是人为划的几个圈,并不存在真正的环线。帝国理工位于1区的 South Kensington,这里虽然不是繁华的商业闹市区,但周围全是博物馆、使领馆以及富翁的豪宅,著名的海德公园也近在咫尺,地理位置极佳。我当时联合培养的导师在生物工程系(Department of Bioengineering)和数学科学研究所(Institute for Mathematical Sciences)都有学生,根据我的情况他把我安排在了数学研究所。帝国理工设有一个专门的数学系,我所在的数学研究所其实是一个交叉学科研究所,里面有学数学的、有学物理的、有学化学的、有学生物的,等等。数学研究所在一栋维多利亚式的建筑里,虽然年代久远,但由于刚刚装修不久,室内设施很现代、很豪华,据说办公条件是当时全校最好的。可让我真正留恋的不是那里舒适的环境,而是那种纯粹的学术氛围。有咖啡、有红茶、有学术报告,没有填不完的表格、没有写不完的材料、没有开不完的会议。在那种氛围下,感觉工作变成了一种享受、一种乐趣。我保持着一周写一章的速度,8万字的博士论文在两个月内一气呵成,这种效率恐怕此生难再有了。

　　现在很多人都在思考和讨论为什么国内出不了学术大师、得不了诺贝尔奖,我想这或许是由科研动机决定的。人们常说态度决定一切,却往往忽略了动机决定态度。搞科研的人大致可以分这样三类：第一类人追求"有利益"，第二类人追求"有意义"，还有一类人追求"有意思"。我觉得在国内第一类人占到了80%，他们做研究是为了利益或者说是为了生存，他们明白自己所从事的工作毫无价值却又不得不做。第二类人大约占15%，他们为了国家的繁荣昌盛、人类的幸福安康奉献着自己的青春和聪明才智。第三类人只有5%，他们抱着好奇心探索大自然的奥秘，享受着科研创造带来的无穷乐趣。但在国外，这三类人的比例正好倒过来，80%的人追求"有意思"，15%的人追求"有意义"，剩下5%的人在追求"有利益"。我想，这才是真正的症结所在。

扯得太远了，还是来说说这篇博士论文吧。这篇论文是关于复杂网络的，10年以前"复杂网络"绝对是个新鲜的词汇，但今天它已经成了多个学科共同关注的"热点"，从事复杂网络研究的科研人员来自图论、统计物理、计算机、生物学、社会学以及管理学等各个不同领域，我们已经很难把复杂网络研究归于哪个传统学科了，成为一门典型的新兴交叉学科。顾名思义，交叉学科（Interdisciplinary）就是由不同学科、领域、部门之间相互作用，彼此融合形成的一类学科。《三国演义》开篇云："天下大势，合久必分，分久必合。"在历史的长河中，科学的发展也大体经历了综合、分化、再综合三个阶段。古代学科划分很粗略，近代学科分化加快加细，20世纪下半叶以来，学科在继续分化的同时，又开始向高度综合化、整体化、跨学科化方向发展。层出不穷的交叉学科，把我们带入了一个交叉科学时代，"交叉科学"与"交叉学科"已成为流行词汇，从各种会议到各类文件，从课题申报到奖项评审，从课程设置到专业建设，几乎都含有"交叉科学"与"交叉学科"的字眼。我国从20世纪80年代初开始兴起"交叉科学热"。1985年5月，在著名科学家钱学森、钱三强和钱伟长的倡议下，召开了全国的交叉科学讨论会。钱三强在会上提出了"迎接交叉科学的新时代"的激动人心的口号，认为"在某种意义上，本世纪末到下个世纪初将是一个交叉科学的时代"。钱学森也认为，"交叉科学是一个非常有前途、非常广阔而又重要的科学领域，开始时可能不被人所理解，或者有人不赞成，但终究会兴旺起来"。虽然"三钱"已离我们而去，但正如"三钱"在30年前所预料的那样，交叉学科已成为当代科学技术发展的强大潮流，正在摧毁几百年来形成的科学结构，冲击着人们头脑中科学专业化的传统观念。这篇博士学位论文能够获得管理科学与工程学科的百优提名，我觉得在某种意义上也代表了大家对交叉学科的一种认可。

我有时和周围的人开玩笑说，你看看我的经历就知道什么是交叉学科了。我大学录取通知书上写的专业是应用数学，但到学校不久改成管理科学合并到了工商管理学院，硕士研究生保送到国防科技大学人文与管理学院，虽然读的是管理科学与工程，但导师却是国内著名的系统工程专家，博士研究生期间在中科院计算所做过客座研究生，搞的是计算机网络，后来在伦敦帝国理工大学数学研究所联合培养一年，但留学期间的两个导师一个在生物工程系，一个在化学系，博士研究生期间写的论文又大多发表在了物理类期刊上。另外，由于国防科技大学是军校，我所有研究成果还都要以军事应用为背景。我曾经很怕别人问我："你学什么的？""你搞什么研究的？"不过，现在我已经想好了，如果以后再有人问这类问题，我就说："我是搞交叉科学的。"

博士毕业后我留校成为了一名军校教员，从一个学生变成了一群学生的老师，也从一个孩子变成了一个孩子的父亲。记得读书时总是想着早日毕业，就如同小时候总盼着长大一样。真的毕业了、长大了，才发觉以前的时光是多么值得怀恋。但回首自己走过的三十年人生路，除了怀恋，更多的是感恩。

我的父亲是一位乡村小学教师，所以我小时候很多时光是在教室外的窗台上或者花坛边度过的，听惯了朗朗书声，看惯了黑板上的拼音字母。但那时的我常常奇怪为什么总是有人把老师比作园丁，把学生比作花朵。其实也并不奇怪，从小在农村长大的我甚至很长时间都分不清楚"花园"和"公园"，自然是不懂得"园丁"的涵义。记得那时候我最感兴趣的是挂在学校办公室走廊的铃，说是铃其实就是一个倒挂的小铁桶，里面有一个铁疙瘩用绳子拴着，上下课的时候就有值班老师拽着绳摇铃。每到周末或放假，我常叫上小伙伴偷偷溜进学校去摇铃，而且最喜欢摇那种急促的紧急集合铃声，一边摇、一边笑，还一边想象学生听到铃声后慌忙往外跑的情景，甚是快乐。所以，在我很小的时候老师在我印象里就是"上课写字，下课摇铃"。后来，慢慢长大，上了小学、初中、高中、大学，对老师的印象慢慢有了些变化，但始终也没弄明白"辛勤的园丁"、"人类灵魂工程师"所代表的真正内涵。

也许正如人们常说的那样，"不养儿不知父母恩"，现在当了老师才体会到那种浓浓的、无私的爱，才明白自己的每一次进步、每一份收获无不凝结着老师们的心血。此刻，"感谢"两个字似乎已经不能完全表达我对他们的情感，但我又能说些什么呢？

掐指算算，这篇博士论文已经完成整整三年了。这次能够由学校资助出版，应该来说既幸运又荣幸。感谢学校、学院各级领导一直以来对我的支持、鼓励与关爱，感谢出版社编辑的辛勤工作，无以回报，唯有加倍努力、不断进取。

最后，我想借此机会把这篇论文献给我还即将满周岁的儿子。当初为了学业，爸爸妈妈一再推迟"计划"，今天把这篇论文当做礼物送给你，希望你健康、快乐地成长，长大以后一定要比爸爸更棒。